广西大学“211工程”三期重点学科建设项目资助

广西大学中国—东盟研究院文库
主编◎阳国亮

广西林业系统自然保护区管理问题研究

李星群　文军　胡天淑◎著

图书在版编目（CIP）数据

广西林业系统自然保护区管理问题研究/李星群，文军，胡天淑著．—北京：经济管理出版社，2012.5

ISBN 978－7－5096－1898－1

Ⅰ.①广… Ⅱ.①李… ②文… ③胡… Ⅲ.①林业—自然保护区—管理—研究—广西 Ⅳ.①S759.992.67

中国版本图书馆 CIP 数据核字（2012）第 082367 号

组稿编辑：曹 靖
责任编辑：张 马
责任印制：陈 力
责任校对：曹 平

出版发行：经济管理出版社（北京市海淀区北蜂窝 8 号中雅大厦 11 层 100038）
网 址：www. E－mp. com. cn
电 话：（010）51915602
印 刷：北京银祥印刷厂
经 销：新华书店
开 本：720mm×1000mm/16
印 张：16.5
字 数：246 千字
版 次：2012 年 5 月第 1 版 2012 年 5 月第 1 次印刷
书 号：ISBN 978－7－5096－1898－1
定 价：49.00 元

中国—东盟研究院文库
编辑委员会

总　　序

阳国亮

正当中国与东盟各国形成稳定健康的战略伙伴关系之际，我校以经济学、经济管理、国际贸易等经济学科为基础，整合法学、政治学、公共管理学、文学、新闻学、外语、教育学、艺术等学科力量，经广西壮族自治区政府批准于2005年成立了广西大学中国—东盟研究院；同时将“中国—东盟经贸合作与发展研究”作为“十一五”时期学校“211工程”的重点学科来进行建设。这两项行动所要实现的目标，就是要加强中国与东盟合作研究，发挥广西大学智库的作用，为国家和地方的经济、政治、文化、社会建设服务，并逐步形成具有鲜明区域特色的高水平的文科科研团队。几年来，围绕中国与东盟的合作关系及东盟各国的国别研究，研究院的学者和专家们投入了大量的精力并取得了丰硕的成果。为了使学者、专家们的智慧结晶得以在更广的范围内展示并服务于社会，发挥其更大的作用，我们决定将其中的一些研究成果结集并以《广西大学中国—东盟研究院文库》的形式出版。同时，这也是我院中国—东盟关系研究和“211工程”建设成果的一种汇报和检阅的形式。

中国与东盟各国的关系研究是国际关系中区域国别关系的研究，这一研究无论对国际经济与政治还是对我国对外开放和现代化建设都非常重要。广西在中国与东盟的关系中处于非常特殊的位置，特别是在广西的社会经济跨越式发展中，中国与东盟关系的发展状况会给广西带来极大的影响。因此，中国与东盟及各国的关系是非常值得重视的研究课题。

中国与东盟各国的关系具有深厚的历史基础。古代中国与东南亚各

国的经贸往来自我国春秋时期始已有两千多年的历史。由于中国与东南亚经贸关系的繁荣，秦汉时期的番禺（今广州）就已成为“珠玑、犀、玳瑁”等海外产品聚集的“都会”（《史记》卷69《货殖列传》）。自汉代以来，经三国、两晋、南北朝至隋唐，中国与东南亚各国的商贸迅速发展。大约在唐朝开元初年，唐朝在广州创设了“市舶使”，作为专门负责管理对外贸易的官员。宋元时期鼓励海外贸易的政策促使中国与东南亚各国经贸往来出现了前所未有的繁荣。至明朝，郑和下西洋加强了中国与东南亚各国的联系，把双方的商贸往来推向了新的高潮。自明代始，大批华人移居东南亚，带去了中国先进的生产工具和生产技术。尽管明末清初，西方殖民者东来，中国几番海禁；16世纪开始，东南亚各国和地区相继沦为殖民地；至1840年中国也沦为半殖民地半封建社会，中国与东南亚各国的经贸往来呈现复杂局面，但双方的贸易仍然在发展。第二次世界大战以后，受世界格局的影响以及各国不同条件的制约，中国与东南亚各国的经济关系经历了曲折的历程。直到20世纪70年代，国际形势变化，东南亚各国开始调整其对华政策，中国与东南亚各国的国家关系逐渐实现正常化，双方经济关系得以迅速恢复和发展。20世纪80年代末期冷战结束至90年代初，国际和区域格局发生重大变化，中国与东南亚各国的关系出现了新的转折，双边经济关系进入全面合作与发展的新阶段。总之，中国与东盟各国合作关系由来已久，渊源深厚。

发展中国家区域经济合作浪潮的兴起和亚洲的觉醒是东盟得以建立的主要背景。20世纪60—70年代，发展中国家区域经济一体化第一次浪潮兴起，拉美和非洲国家涌现出中美共同市场、安第斯集团、加勒比共同市场等众多的区域经济一体化组织。20世纪90年代，发展中国家区域经济一体化浪潮再次兴起。在两次浪潮的推动下，发展中国家普遍意识到加强区域经济合作的必要性和紧迫性，只有实现区域经济一体化才能顺应经济全球化的世界趋势并减缓经济全球化带来的负面影响。亚洲各国正是在这一背景下觉醒并形成了亚洲意识。战前，亚洲是欧美的殖民地；战后，亚洲各国尽管已经独立，但仍未能摆脱大国对亚洲地区事务的干涉和控制。20世纪50—60年代，亚洲各国民族主义意识增

强，已经显示出较强烈的政治自主意愿，要求自主处理地区事务，不受大国支配，努力维护本国的独立和主权。亚洲各国都意识到，要实现这种意愿，弱小国家必须组织起来协同合作，由此“亚洲主义”得以产生。东盟就是在东南亚国家这种意愿的推动下，经过艰难曲折的过程而建立起来的。

“东盟”是东南亚国家联盟的简称，在国际关系格局中具有重要的战略地位。东盟的战略地位首先是由其所具有的两大地理区位优势决定的：一是两洋的咽喉门户。东南亚处于太平洋与印度洋的“十字路口”，既是通向亚、非、欧三洲及大洋洲的必经航道，又是南美洲与东亚国家间物资、文化交流的海上门户。其中，世界上每年50%的船只通过马六甲海峡，这使得东南亚成为远东制海权的战略要地。二是欧亚大陆“岛链”重要组成部分。欧亚大陆有一条战略家非常重视的扼制亚欧国家进入太平洋的新月形的“岛链”，北起朝鲜半岛，经日本列岛、琉球群岛、我国的台湾岛，连接菲律宾群岛、印度尼西亚群岛。东南亚是这条“岛链”的重要组成部分，是防卫东亚、南亚大陆的战略要地。其次，东盟的经济实力也决定了其战略地位。1999年4月30日，以柬埔寨加入东盟为标志，东盟已成为代表全部东南亚国家的区域经济合作组织。至此，东盟已拥有10个国家、448万平方公里土地、5亿人口、7370亿美元国内生产总值、7200亿美元外贸总额，其经济实力在国际上已是一支重要的战略力量。再次，东盟在国际关系中还具有重要的政治战略地位，东盟所处的亚太地区是世界大国多方力量交会之处，中国、美国、俄罗斯、日本、印度等大国有着不同的政治、经济和安全利益追求。东盟的构建在亚太地区的国际政治关系中加入了新的因素，对于促进亚太地区国家特别是大国之间的磋商、制衡大国之间的关系、促进大国之间的合作具有极重要的作用。

在保证了地区安全稳定、推进国家间的合作、增强了国际影响力的同时，东盟也面临一些问题。东盟各国在政治制度等方面存在较大差异，政治多元的状况会严重影响合作组织的凝聚力；东盟大多数成员国经济结构相似，各国间的经济利益竞争也会直接影响到东盟纵向的发展进程。长期以来，东盟缺乏代表自身利益的大国核心，不但影响政治经

济合作的基础，在发生区域性危机时更是无法整合内部力量来抵御和克服，外来不良势力来袭时会呈现群龙无首的状态，这对于区域合作组织抗风险能力的提高极为不利。因此，到区域外寻求稳定的、友好的战略合作伙伴是东盟推进发展必须要解决的紧迫的问题。中国改革开放以来的发展及其所实行的外交政策、在1992年东亚金融危机中的表现以及加入WTO，使东盟不断加深了对中国的认识；随着中国与东盟各国的关系不断改善和发展，进入21世纪后，中国与东盟也进入了区域经济合作的新阶段。

发展与东盟的战略伙伴关系是中国外交政策的重要组成部分。从地缘上看，东南亚是中国的南大门，是中国通向外部世界的海上通道；从国际政治上看，亚太地区是中、美、日三国的战略均衡区域，而东南亚是亚太地区的"大国"，对中、美、日都具有极重要的战略地位，是中国极为重要的地缘战略区域；从中国的发展战略要求看，东南亚作为中国的重要邻居是中国周边发展环境的一个重要组成部分，推进中国与东盟的关系，还可以有效防止该地区针对中国的军事同盟，是中国稳定周边战略不可缺少的一环；从经济发展的角度说，中国与东盟的合作对促进双方的贸易和投资、促进地区之间的协调发展具有极大的推动作用，同时，这一合作还是以区域经济一体化融入经济全球化的重要步骤；从中国的国际经济战略要求来说，加强与东盟的联系直接关系到我国对外贸易世界通道的问题，预计在今后15年内，中国制造加工业将提高到世界第二位的水平，中国与海外的交流日益增强，东南亚水域尤其是马六甲海峡是中国海上运输的生命线，因此，与东盟的合作具有保护中国与海外联系通道畅通的重要意义。总之，中国与东盟各国山水相连的地理纽带、源远流长的历史交往、共同发展的利益需求，形成了互相合作的厚实基础。经过时代风云变幻的考验，中国与东盟区域合作的关系不断走向成熟。东盟已成为中国外交的重要战略依托，中国也成为与东盟合作关系发展最快、最具活力的国家之一。

中国—东盟自由贸易区的建立是中国与东盟各国关系发展的里程碑。中国—东盟自由贸易区是一个具有较为严密的制度安排的区域一体化的经济合作形式，这些制度安排涵盖面广、优惠度高，它涵盖了货物

贸易、服务贸易和投资的自由化及知识产权等领域，在贸易与投资等方面实施便利化措施，在农业、信息及通信技术、人力资源开发、投资以及湄公河流域开发五个方面开展优先合作。同时，中国与东盟的合作还要扩展到金融、旅游、工业、交通、电信、知识产权、中小企业、环境、生物技术、渔业、林业及林产品、矿业、能源及次区域开发等众多的经济领域。中国—东盟自由贸易区的建立既有助于东盟克服自身经济的脆弱性，提高其国际竞争力，又为我国对外经贸提供新的发展空间，对于双边经贸合作向深度和广度发展都具有重要的推动作用。中国—东盟自由贸易区拥有近18亿消费者，人口覆盖全球近30%；GDP近4万亿美元，占世界总额的10%；贸易总量2万亿美元，占世界总额的10%，还拥有全球约40%的外汇。这不仅大大提高了中国和东盟国家的国际地位，而且将对世界经济产生重大影响。

广西在中国—东盟合作关系中具有特殊的地位。广西和云南一样都处于中国与东盟国家的接合部，具有面向东盟开放合作的良好的区位条件。从面向东盟的地理位置看，桂越边界1020公里，海岸线1595公里，与东盟有一片海连接。从背靠国内的区域来看，广西位于西南和华南之间，东邻珠江三角洲和港澳地区、西毗西南经济圈、北靠中南经济腹地，这一独特的地理位置使广西成为我国陆地和海上连接东盟各国的一个“桥头堡”，是我国内陆走向东盟的重要交通枢纽。广西与东盟各国在经济结构和出口商品结构上具有互补性。广西从东盟国家进口的商品以木材、矿产品、农副产品等初级产品为主，而出口到东盟国家的主要为建材、轻纺产品、家用电器、生活日用品和成套机械设备等工业制成品；在水力、矿产等资源的开发方面还有很强的互补性。广西与东盟各国的经济技术合作具有很好的前景和很大的空间。广西南宁成为中国—东盟博览会永久承办地，泛北部湾经济合作与中国—东盟“一轴两翼”区域经济新格局的构建为广西与东盟各国的合作提供了很好的平台。另外，广西与东南亚各国有很深的历史人文关系，广西的许多民族与东南亚多个民族有亲缘关系，如越南的主体民族越族与广西的京族是同一民族，越南的岱族、侬族与广西壮族是同一民族，泰国的主体民族泰族与广西的壮族有很深的历史文化渊源关系，这些都是广西与东盟接

轨的重要人文优势。自2004年以来，广西成功地承办了每年一届的中国—东盟博览会和商务与投资峰会以及泛北部湾经济合作论坛、中国—东盟自由贸易区论坛、中越青年大联欢等活动，形成了中国—东盟合作“南宁渠道”，显示了广西在中国—东盟合作中的重要作用。总之，广西在中国—东盟关系发展中占有重要地位。在中国—东盟关系发展中发挥广西的作用，既是双边合作共进的迫切需要，对于推动广西的开放开发、加快广西的发展也具有十分重要的意义。

中国—东盟自由贸易区一建立就取得了显著的效果。据中国海关统计，2010年中国与东盟双边贸易额达2927.8亿元，比上年增长37.5%。当然，这仅仅是一个良好的开端，要继续深化中国与东盟的合作，使这一合作更为成熟并达到全方位合作的实质性目标，还需要从战略上继续推进，在具体措施上继续努力。无论是总体战略推进还是具体措施的落实都需要以理论思考、理论研究为基础进行运筹和决策，因此，不断深化中国与东盟及各国关系的研究就显得尤为必要。

加强对东盟及东盟各国的研究是国际区域经济、政治和文化研究学者的一项重要任务。东盟各国及其区域经济一体化的稳定和发展是我国构建良好的周边国际环境和关系的关键。东盟区域经济一体化的发展受到很多因素的制约，东盟各国经济贸易结构的雷同和产品的竞争，在意识形态、宗教历史、文化习俗、发展水平等方面的差异性，合作组织内部缺乏核心力量和危机共同应对机制等因素都会对区域经济一体化的进一步发展造成不利影响。要把握东盟各国及其区域经济一体化的走向，就要加强对东盟各国历史、现状、走向的研究，同时也要加强东盟区域经济一体化有利因素和制约因素的走向和趋势的研究。

我国处理与东盟各国关系的战略、策略也是需要不断思考的重要问题。要从战略上发挥我国在与东盟关系的良性发展中的作用，形成中国—东盟双方共同努力的发展格局；要创新促进双边关系发展的机制体系；要进一步深化和完善作为中国—东盟合作主要平台和机制的中国—东盟自由贸易区，进一步分析中国—东盟自由贸易区的下一步发展趋势和内在要求，从地缘关系、产业特征、经济状况、相互优势等方面充实合作内容、创新合作形式、完善合作机制、拓展合作领域，全面发挥其

积极的作用。所有这些问题都要从战略思想到实施措施上展开全面的研究。

广西在中国—东盟关系发展中如何利用机遇、发挥作用更需要从理论和实践的结合上不断深入研究。要在中国—东盟次区域合作中进一步明确广西的战略地位，在对接中国—东盟关系发展中特别是在中国—东盟自由贸易区的建设发展进程中，发挥广西的优势，进一步打造好中国—东盟合作的“南宁渠道”；如何使“一轴两翼”的泛北部湾次区域合作机制创新成为东盟各国的共识和行动，不仅要为中国—东盟关系发展创新形式、拓展领域，也要为广西的开放开发、抓住中国—东盟区域合作的机遇实现自身发展创造条件；如何在中国—东盟区域合作中不断推动北部湾的开放开发、形成热潮滚滚的态势，这些问题都需要不断地深入研究。

综上所述，中国与东盟各国的关系无论从历史现状还是发展趋势来看都是需要认真研究的重大课题。广西大学作为地处中国与东盟开放合作的前沿区域的“211 工程”高校，应当以这些研究为己任，应当在这些重大问题的研究上产生丰富的创新成果，为我国与东盟各国关系的发展、为广西在中国—东盟经济合作中发挥作用并使广西跨越式发展作出贡献。

在中国与东盟各国关系不断发展的过程中，广西大学中国—东盟研究院的学者、专家们在中国—东盟各项双边关系的研究中进行了不懈的探索。学者、专家们背负着民族、国家的责任，怀揣着对中国—东盟合作发展的热情，积极投入到与中国—东盟各国合作发展相关的各种问题的研究中来。“宝剑锋从磨砺出，梅花香自苦寒来”，历经多年的积淀与发展，研究院的组织构架日臻完善，团队建设渐趋成熟，形成了立足本土兼具国际视野的学术队伍，在学术上获得了一些喜人的成果，比较突出的有：取得了“CAFTA 进程中我国周边省区产业政策协调与区域分工研究”与“中国—东盟区域经济一体化”两项国家级重大课题；围绕中国与东盟各国关系的历史、现状及其发展，从经济、政治、文化、外交等各方面的合作以及广西和北部湾的开放开发等方面开展了大量的研究，形成了一大批研究论文和论著。这些成果为政府及各界了解

中国—东盟关系的发展历史、了解东盟各国的文化、把握中国—东盟关系的发展进程提供了极好的参考材料，为政府及各界在处理与东盟各国关系的各项决策中发挥了咨询服务的作用。

这次以《广西大学中国—东盟研究院文库》的形式出版的论著仅仅是学者、专家们的研究成果中的一部分。文库的顺利出版，是广西大学中国—东盟研究院的学者们在国家“211工程”建设背景下，共同努力，经过不辞辛苦、锲而不舍的研究所取得的一项重大成果。文库的作者中有一批青年学者，是中国—东盟关系研究的新兴力量，尤为引人注目。青年学者群体是广西大学中国—东盟研究院未来发展的重要战略资源，青年兴则学术兴，青年强则研究强，多年来，广西大学中国—东盟研究院致力于培养优秀拔尖人才和中青年骨干学者，从学习、工作、政策、环境等各方面创造条件，为青年学者的健康成长搭建舞台。同时，众多青年学者也树立了追求卓越的信念，他们在实践中学会成长，正确对待成长中的困难，不断走向成熟。“多情唯有是春草，年年新绿满芳洲”，学术生涯是一条平凡而又艰难、寂寞而又崎岖的道路，没有鲜花，没有掌声，更多的倒是崇山峻岭、荆棘丛生；但学术又是每一个国家发展建设中不可缺少的，正如水与空气之于人类，整个人类历史文化长河源远流长，其中也包括着一代又一代学者薪火相传的辛勤劳动。愿研究院的青年学者们，以及所有真正有志献身于学术的人们，都能像春草那样年复一年以自己的新绿铺满大地、装点国家壮丽锦绣的河山。

当前，国际政治经济格局加速调整，亚洲发展孕育着重大机遇，中国同东盟国家的前途命运日益紧密地联系在一起。在新形势下，巩固和加强中国—东盟战略伙伴关系，不断地推进中国—东盟自由贸易区的健康发展是中国与东盟国家的共同要求和共同愿望。广西大学中国—东盟研究院将会继续组织和推进中国与东盟各国关系的研究，从区域经济学的视角出发，采取基础研究与应用研究相结合、专题研究与整体研究相结合的方法，紧密结合当前实际，对中国—东盟自由贸易区建设这一重大战略问题进行全面、深入、系统的思考；并在深入研究的基础上提出具有前瞻性、科学性、可行性的对策建议，为政府提供决策咨询，为相关企业提供贸易投资参考。随着研究的深入，我们会陆续将研究成果分

批结集出版，以便使《广西大学中国—东盟研究院文库》成为反映我院中国—东盟各国及其关系研究成果的一个重要窗口，同时也希望能为了解东盟、认识东盟、研究东盟、走进东盟的人们提供有益的参考与借鉴。由于时间仓促，本文库错误之处在所难免，敬请各位学者、专家及广大读者不吝赐教，批评指正。

是为序。

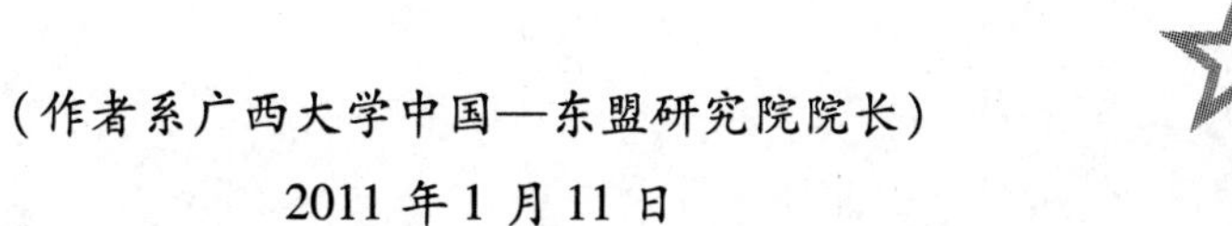
（作者系广西大学中国—东盟研究院院长）

2011 年 1 月 11 日

前 言

自然保护区是近代人类为保护生态系统、野生动植物、自然遗迹，面对生态破坏挑战的一大创举，是人类进步文明的象征，是保护自然资源和生物多样性的重要措施之一。同时，它也是自然遗产最珍贵、自然景观最优美、自然资源最丰富的区域，是生态地位最重要的陆地生态系统的核心，也是国家重要的战略储备基地。建立自然保护区是保护自然资源、生态系统和生物多样性，维护国土生态安全和人与自然和谐共存，促进经济社会可持续发展的有效措施。

人类社会的不断发展对生态系统产生了巨大的干扰，目前，这些干扰已经成为自然保护区面临的最大威胁，其具体包括农业耕种、城市规模的扩大、道路和水利等基础工程建设、野生动植物资源不合理利用等，偷猎、盗伐等也成为保护区自然生态系统遭受破坏的重要因素，再加之相关法律法规不健全和执法力度不够等原因，使自然保护区内的野生动植物受到不同程度的破坏。

自然保护区的管理从20世纪70年代以前的纯自然保护型，到20世纪70年代以后的协调管理模式，进而发展到现在的可持续发展模式，对自然保护管理的方式方法提出了新的要求。目前，广西自然保护区的管理存在诸多问题，包括山林资源权属不清，存在多头管理情况；与区内及周边社区关系紧张，各种纠纷时有发生；外部资金投入不足，经济自给能力差，致使保护区的各项功能无法充分发挥；普遍缺乏长远的科学规划，发展模式千篇一律，没有做到因地制宜；等等。如果这些问题不能得到解决，对广西野生动植物资源、生物多样性会带来毁灭性的灾难。因此，对自然保护区管理问题的研究也就更为重要。

广西是我国除云南和四川之外自然资源和生物多样性最丰富的地区。对于全国而言，广西自然资源和生物多样性的保护具有非常重要的生态、社会、经济意义。其中，广西林业系统自然保护区是全区自然保护区中最重要的组成部分之一。据统计，到2007年底，广西林业系统自然保护区共有59个，占全区自然保护区数量的80.6%。因此本书选取广西具有代表性的林业系统自然保护区作为研究对象进行研究。

本书在林业系统自然保护相关部门的大力支持下，选取了具有代表性的林业系统自然保护区，针对保护区内部管理问题、外部管理问题及发展方向问题等，对自然保护区内部从业人员、周边社区居民进行调查。主要采用问卷调查、PRA乡村参与评估、半结构式访谈等方法获取第一手资料，梳理总结出影响广西林业系统自然保护区发展的内部管理问题和外部管理问题，包括保护区从业人员对工作的认可度、保护区周边社区宣教情况、保护区与周边社区发展关系、保护区周边社区居民对保护区的依赖与态度、保护区周边社区居民的民生、保护区开展生态旅游的管理等问题，并针对这些问题进行实证研究。根据不同保护区的实际情况，构建了综合保护与发展型、加强经济效益型、加强社会效益型、加强生态效益型等四种管理模式，提供给不同的保护区进行选择。

对广西林业系统自然保护区的研究，虽然选取的调查对象具有一定的代表性，但是由于广西林业系统自然保护区数量庞大，限于人力、物力、财力、时间等因素的影响，可能会存在一定的偏差。此外，由于本书涉及的领域较广，加上作者水平有限，难免存在不当之处，敬请学界同仁批评指正。

作者

2012年4月

目　录

第一篇

自然保护区研究综述及管理现状

第一章

广西林业系统自然保护区研究综述

一、研究广西自然保护区管理的意义

近年来，由于自然环境的破坏，保护人类赖以生存的环境已经成为当今人类需要研究的重要课题。自然保护区作为人类保护环境的重要手段之一，越来越受到人们的重视。各级政府对自然保护区的建设和管理都非常重视，要求各级林业部门和保护区努力提高管理水平。因而，采取科学有效的管理措施是实现自然保护区可持续发展最重要的环节之一，根据实际情况，立足于对自然保护区与周边社区发展问题进行分析，并研究其解决对策，应是实现保护区科学发展、和谐发展的必然课题[1]。本书对广西林业系统自然保护区进行管理研究的目的是解决保护区管理中存在的问题，缓解自然保护区与其周边社区之间的矛盾，以达到自然保护区的可持续发展。

当前，人类对自然生态系统的干扰是广西自然保护区面临的最大威胁之一，其具体包括城市规模的扩大、道路和水利等基础工程建设、农业耕种、野生动植物资源不合理开发利用等，偷猎、盗伐等也是自然保护区自然生态系统遭受破坏的主要原因之一，再加上相关法律法规不健全和执法力度不够等原因，使自然保护区的管理不能发挥其应有的效果，因此造成广西自然保护区内的野生动植物资源受到不同程度的破坏。近年来，广西林业系统自然保护区事业尽管得到了蓬勃发展，但自然资源与生态环境仍然遭受了较大的破坏，特别是在许多地方“划而不

建、建而不管、管而不力”的问题非常突出。由于管理体制不完善和管理手段落后等原因造成广西自然保护区在管理中主要存在以下几个方面的问题：山林资源权属不清，且存在多头管理的情况；与区内及周边社区关系紧张，各种纠纷时有发生；外部资金投入不足，经济自给能力差，致使自然保护区的各项功能无法充分发挥；普遍缺乏长远的科学规划，发展模式千篇一律，没有做到因地制宜[2~4]等。如果这些问题不尽快解决，将会对广西野生动植物资源、生物多样性带来毁灭性的灾难。尽管目前国内外已有不少学者在这方面做出了有益的探索，但所提出的意见和建议大多只是针对某一单个自然保护区存在的矛盾或问题，多是面向局部考察，推广价值有限。因此，以可持续发展观为指导，对广西林业系统自然保护区的创新研究已经到了刻不容缓的地步。

二、自然保护区研究文献综述

建立自然保护区是保护自然资源和人类生存环境最重要、最有效的措施之一，是生物多样性的天然分布地域，是各种生物资源的重要战略储备基地，是拯救濒危生物物种的庇护所，是维护生态安全，促进生态文明，实现国民经济全面、协调、可持续发展以及建设人与自然和谐共存的重要保障。因此，探讨自然保护区发展中存在的各种问题及影响因素，提出相应的解决对策，这不仅有益于自然保护区的健康稳定发展，而且对于国家的社会发展和经济建设都能产生巨大利益。

（一）国外自然保护区研究

在国外，最初建立自然保护区不是为了保护自然综合体，而是为了保护某些动植物物种及自然景观等受人类威胁和濒于灭绝的、单个的自然成分，使之免于灭绝。但是，随着保护生态环境意识的不断提高，各国学者也加强了对自然保护区的发展研究。目前，国外有关自然保护区方面的研究已形成比较系统的理论体系，不同的国家管理存在很大的差异。澳大利亚的大多数自然保护区由各州自行管理，并最早实施自然保护区社区参与共管的模式[5]。加拿大非常重视自然保护区的管理，采取了灵活的管理措施[6]。主要包括：政府管理机制，加拿大在 1911 年就设立了国家公园管理局，这使得加拿大成为世界上第一个具有国家公园

政府管理机构的国家；伙伴协作机制，自然保护区的协作伙伴很多，其中以企业、学术界、非政府组织和私人管理者的作用最为突出；财政运作机制，多数自然保护区，主要的资金来源是加拿大政府的投资。由于经费紧张，加拿大公园局开始进行自然保护区管理机制的企业化运作，公园管理实体都由政府机构转变为公司加政府。美国是最早建立国家公园的国家。野生生物自然保护区的设立一般由科学家、环保组织、社区等组织或个人提出，由总统或国会批准建立。美国自然保护区管理的成功之处可简要概括为以下几点[7]：自然保护区（地）分别按实体资源类型设立，管理体制合理；自然保护区是一个根据保护对象特性进行集约化、科学化管理的区域；按照自然保护区群管理，既节约管理成本，又提高管理效率；强化自然保护区的公众参与和对外开放，使自然保护区成为最有影响力的公益事业。

朱广庆[8]研究了英国、美国、日本、新西兰、澳大利亚、加拿大、印度、韩国和俄罗斯等国的自然保护区立法与管理体制，发现许多国家有专门针对国家公园和自然保护区的法律。一些国家制定了自然保护或生物多样性保护方面的综合性法律，并将自然保护区纳入其中，尤其引人注目的是，澳大利亚是唯一尝试推行环境法典化的国家。在管理体制方面，对自然保护区实行统一管理是一种趋势，并且为多数国家所接受；同时，在许多国家，自然保护包括自然保护区管理工作，主要是由环境保护部门承担。在管理制度方面，国外主要采用管理契约、管理计划、自然环境基础调查、土地利用及经营许可和规章制度。在资金投入方面，主要渠道是政府财政拨款、捐赠、旅游、国际合作以及出售与专营许可等创收形式，但政府财政拨款是自然保护区建设与管理的主要经济来源。

（二）国内自然保护区研究

我国自然保护区建立 50 多年来，虽然取得了较大的成绩，但是总体来看，保护区的现状却不尽如人意，保护区的总体发展水平与环境保护的要求相差甚远。目前，我国自然保护区的建设还存在许多问题，因此，要想实现自然保护区的可持续发展，必须对其进行深入研究，以探寻解决的对策。大量学者对我国自然保护区多方面发展进行了研究，尽

管存在自然保护区个体之间的差异性，但是许多矛盾和问题在其中具有普遍性。现有文献资料对我国自然保护区的研究主要集中在以下方面：

（1）对我国自然保护区建设与管理中存在问题的探讨。从多数学者的研究中可以总结出制约我国自然保护区建设和管理的因素主要有：保护区内资源与开发的矛盾，片面地追求眼前的经济利益，草率地进行资源开发利用和旅游活动等，以致造成对保护区资源多样性的破坏；经费投入的不足，加上多数自然保护区位于边远山区，致使保护管理方面设施建设严重滞后于自然保护区建立的速度，极大制约了自然保护区事业的发展；法律体系的不完善，致使不法分子在保护区内偷砍、偷猎等现象时有发生，造成生物资源流失严重；缺乏整体规划问题，部分保护区至今尚未进行功能区划，导致保护效果不大；土地权属的不明确，新旧权属的冲突使自然保护区难以进行有效的保护和管理工作，是许多保护区建设面临的难题；重建设、忽视管理的现象严重，一些保护区建设工作完成后，没有提出合适的管理措施，致使保护区无法有效地运行，也就起不到自然保护区应有的作用。

（2）自然保护区与周边社区发展研究。多数自然保护区的内部及其周边通常居住着大量居民，而且分布比较零散。况且，社区内交通不发达，基础设施建设落后，信息闭塞，经济发展水平低。他们大多世代定居于此，在当地有着适合自己发展的生活模式。长期以来，他们都是依靠保护区内的自然资源来获取生活用材和部分经济收入，这势必会引起生物多样性的降低，对自然保护区的发展带来不可估量的影响。因此，自然保护区建设与周边社区经济之间的可持续发展研究受到了学者们的广泛重视。近几年来，以“社区共管”模式促进生物多样性保护事业的管理思路引起了广泛关注。许多学者认为，自然保护区只有通过促进社区参与和利益共享，发展可持续产业，提高社区居民的生活水平，才可能把孤立的生态系统变成开放的经济社会生态系统，使周边群众和社区由自然保护区的可能破坏者变成共同管理者[9~11]。另外，为社区居民培植好利益共同点，也就意味着通过经济手段获得了社区居民的定向管理权[12]；通过村民直接受益于资源管理，调动村民保护和管理资源的积极性和主动性[13]。

但是，由于我国自然保护区实施社区共管的时间不长，目前存在的问题比较多：社区领导存在认识误区，把社区共管简单、片面地理解成扶贫，在工作中一味注重经济发展，忽视自然资源保护方面的责任；环境保护教育有待加强；保护工作人员缺乏必要的专业知识和经验，造成管理工作中漏洞较多，特别是资金管理方面；缺乏必要的指导与交流；当地群众往往在项目期后就不再参加自然保护区的管理工作，使之成为一种短期行为，而没有列入长期管理计划中[14]。

（三）广西自然保护区研究

自然保护区是生物资源就地保护的主要形式及生物多样性保护的重要措施，对调节气候、控制污染、保护物种多样性和维持生态平衡具有特殊作用和功能，是我国可持续发展的重要事业之一。近几十年来，广西林业系统下自然保护区发展迅速，取得了较好的成果。但总体来看，广西自然保护区的建设还处在初级阶段，发展的过程中还存在着许多的困难和问题。因此，加强对自然保护区的现状和发展中存在的问题的研究，对广西自然保护区建设工作的顺利开展是具有重要作用的。1984年，广西林业厅根据林业部的要求，负责编写了《广西自然保护区》，初步系统地汇集了广西自然保护区的相关资料，为广西自然保护区的事业提供了较早的科学依据。继而，1993 年由中国林业出版社出版的《广西自然保护区》一书，更是图文并茂地介绍了广西自然保护区的地理位置、地形、地貌、生物资源概况及保护目的，为广西自然保护区的发展又增加了一份宝贵的材料。此外，近些年来，很多学者也就自己所掌握的学科领域对广西自然保护区的发展进行了各个方面的相关研究，出版了一批很有学术价值的著作。比如，谭伟福主编的《广西十万大山自然保护区生物多样性及其保护体系》（中国环境科学出版社 2005 年版），宁世江、苏勇和谭学锋主编的《生物多样性关键地区：广西九万山自然保护区科学考察集》（科学出版社），区林业厅主编的《广西崇左白头叶猴自然保护区综合科学考察报告》（广西壮族自治区林业厅 2010 年）等。此外，学者们也在不同类型的学术刊物上发表了很多关于广西自然保护区发展的理论文章，为广西自然保护区的可持续发展提供了丰富的文献资料。

总的来说，目前学者们对广西自然保护区的研究主要集中在以下几个方面：

（1）对广西自然保护区总体发展现状的分析与建设管理研究。谭伟福等对广西自然保护区的建设、管理现状和网络体系现状进行了较为系统的分析，认为当时广西自然保护区的各保护区孤立、分散，加上规模小，保护区网络未形成，难以有效发挥其生态保护功能[15]。伍荔霞提出了加强自然保护区队伍建设的重要性的建议。覃照素认为广西自然保护区的面积相对较大，但开发利用的程度较低，根据实际发展现状提出了自然保护区开发利用的方向及措施。黎德丘、彭定人等在阐述广西林业系统自然保护区现状的基础上，从全区自然保护区的类型结构、布局、空缺性等方面剖析自然保护区建设中存在的主要问题，并有针对性地提出了相应的建议[16]。李潇晓通过分析广西自然保护区的现状和存在问题，认为广西自然保护区目前存在经费投入不足、基础设施落后、管理机构不健全、人员素质偏低、管理和法制建设滞后、保护区土地使用权属不清等问题，提出从加快完善自然保护区网络建设、强化自然保护区管理水平、合理利用自然保护区资源、提高自然保护区科研水平、切实解决当前自然保护区存在的突出问题等 5 个方面来加强广西自然保护区的建设和管理工作[17]。谭伟福、陈瑚对广西自然保护区建设 30 年的发展历程进行了总体的概括，并根据新时期自然保护区建设面临的主要问题，提出了完善建设、和谐发展的建设思路。原宝东、宋宜娟概述了广西的生物资源分布和具体的 15 个国家级自然保护区资源的现状，并对保护区的保护管理提出了一些建议，为生物多样性的保护和资源的可持续利用提供了相关的科学依据[18]。在最新林业政策的实施下，谭伟福就广西自然保护区的情况探讨了集体林权制度在自然保护区中的具体实施问题。

（2）生态旅游在广西自然保护区内的发展研究。阳国亮等以广西花坪自然保护区为例提出发展循环经济型生态旅游示范区发展基本思路，并构建了花坪国家自然保护区开发生态旅游示范区的三种模式，即科考生态旅游模式、生态养生旅游模式和观光森林生态旅游模式。赵耀等根据在桂林市所做的花坪国家级自然保护区生态旅游客源市场调查问

卷结果，分析了桂林市民对于城市近郊保护区生态旅游的认知度状况，为花坪自然保护区生态旅游客源市场的开发及旅游产品和设施的设计提出相关依据[19]。陆道调等通过分析广西弄岗自然保护区资源与发展现状，提出了其发展生态旅游业的可行性，并对协调自然保护区生态旅游与社区的发展作出了相应的对策分析[20]。杨主泉、孙亚东通过探讨猫儿山自然保护区民营化生态旅游的宏观和微观背景，结合自然保护区民营化生态旅游的现状，提出了自然保护区民营化生态旅游发展的具体对策[21]。廉同辉等以广西猫儿山国家级自然保护区为具体研究对象，通过对建立的生态旅游开发潜力评价模型各要素指标进行测度和调查，计算出开发潜力评价得分，表明猫儿山国家级自然保护区生态旅游具有较大的开发潜力[22]。廖钟迪、滕腾提出自然保护区低碳发展思路，并以广西龙虎山自然保护区为例，根据其资源概况，分析了龙虎山自然保护区进行低碳旅游产品设计的必要性，并由不同的游客市场定位提出5条各具特色的低碳旅游线路，为龙虎山保护区生态旅游的发展提供了可持续思路[23]。

（3）针对广西个案自然保护区资源的调查研究。为了更好地对自然保护区内的生物多样性进行有效保护与合理开发利用，很多学者对区内的动植物资源进行了专项的调查与研究。蒋才云、曾小飚对广西元宝山自然保护区的两栖动物资源进行了调查，结果表明该保护区物种多样性指数为2.877，均匀度指数为0.837，并根据资源现状提出了保护对策[24]。熊源新等对那佐自然保护区内的苔藓植物进行调查，分析苔藓植物的物种及区系组成。结果表明，保护区内苔藓丰富性较低，也由此说明该地苔藓植物具有温带向热带过渡分布的趋势[25]。王绍能等在前人调查资料的基础上对猫儿山保护区鸟类资源进行了深入的调查研究，对保护价值较高的种类进行了细致的分析，为制订鸟类保护对策提供基础资料[26]。此外，还有很多关于真菌、蝶类、药用植物等方面的调查研究，为相应自然保护区的开发与保护提供了大量的参考资料，但这些都主要集中在常见的个案自然保护区，如木论、猫儿山和元宝山等自然保护区。

在自然保护区发展的过程中，人们的生产生活占据着一个不可缺少

的部分。但通过检索文献资料发现，对广西自然保护区管理与周边社区共同发展的研究还比较薄弱，还需进一步加强。本书基于对广西自然保护区与周边社区关系管理和其内部管理现状的问卷及实地调查，利用百分比、频数、因子分析、典型相关分析等方法，分析探讨了保护区管理中存在问题的影响因素，为加强广西自然保护区的管理及建设提供一定的参考依据。

三、理论基础

(一) 可持续发展理论

可持续发展概念的表达形式虽然很多，但是目前世界比较公认的可持续发展定义首推1987年布伦兰特夫人向第42届联大“环境与发展会议”提交的《我们的共同未来》报告中的定义，即可持续发展是指“既满足当代人需要，又不构成危及后代人满足需要的能力的发展”。该定义包含了可持续发展的公平性原则、持续性原则、共同性原则，强调了两个基本观点：一是人类要发展，尤其是穷人要发展；二是发展有限度，不能危及后代人的生存和发展[27]。

我们可以把可持续发展的基本内涵理解为是以人的发展为中心的“生态—经济—社会”三维复合系统的运行轨迹，具体讲包括三个方面[28]：

1. 经济可持续发展

可持续发展鼓励经济增长，而不是以保护环境为由取消经济增长。当然经济持续增长不仅指数量的增长，而且指质量的增长。要改变过去以“高投入、高消耗、高污染”为特征的粗放式的经济增长，实现以“提高效益，节约资源，减少废物”为特征的集约式的经济增长。

2. 生态可持续发展

可持续发展要求发展与有限的自然承载能力相协调，因此它是有限制的。生态的可持续性是可持续发展的前提，同时通过可持续发展能够实现生态的可持续性。生态可持续发展的理论基础有：环境稀缺论、环境价值论、“时空公平”的区域层次可持续发展观、可持续利用的资源观[27]。

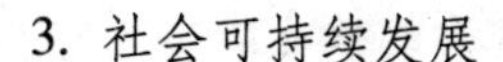

3. 社会可持续发展

可持续发展强调社会公平，没有社会公平，就没有社会的稳定，一部分人就会不顾资源和环境，不顾法律向社会发泄心中的不平，结果是资源和环境保护难以实现。可持续发展的本质就是改善人类生活质量，创建一个保障人人平等，保障人人有受教育权、发展权和人权的社会环境。由此可见，在人类可持续发展系统中，经济可持续是基础，生态可持续是条件，社会可持续是目的。

自然保护区的可持续发展是可持续发展思想在自然保护区的应用[29]。根据对可持续发展的界定，结合目前国情、区情，对自然保护区管理模式的研究可从生态、经济、社会三个系统上分别切入，这样可对自然保护区管理进行分类指导，发挥不同系统及其复合系统范围内自然保护区的各种价值，并注重与社会经济发展更加紧密地结合起来，使有限的人力、财力、物力有效发挥建设管理的作用。

（二）环境社会学理论

环境社会学主要研究环境与社会相互作用的基本原理和基本规律，揭示了环境与社会互动的背景、原因、机制、过程、后果和前景等一系列基本问题。环境社会学具有双重属性，一方面它是社会学的分支学科；另一方面，它又是环境科学的基础学科[30]。对环境社会学来说，在人类的社会行为波及的范围内，其研究对象不仅包括人类群体，而且还包括人类社会以外的自然的、物理的、化学的环境。环境社会学正是以研究这种非社会文化环境与人类群体之间的相互作用为宗旨的[31]。

综观国内外环境社会学发展过程中的理论成果，符合这种学科定位并相对成熟的大致有“环境建构主义”理论、环境公正理论、社会体制论、社会对策理论等四类理论。环境建构主义理论在承认环境问题严峻性的同时，研究重心并不在环境问题的客观性，而在于其“社会性”。加拿大学者汉尼根的研究最为典型。他的研究发现：所谓“环境问题”，往往经过了一个复杂的“社会建构过程”才注入到我们的头脑中，环境问题的意义并非客观赋予，而需通过某些途径和符号来建构。环境公正理论关注的重要主题是：一个不平等地分配利益和负担的社会是不公正、违反社会正义原则的。由此，环境社会学首先关注的是，

“谁”应该对环境问题负有更多责任。社会体制论的核心观点是：社会体制是环境问题产生的根本原因，不消除某些体制性根源，环境问题就无法解决。社会对策理论则是：基于环境问题的社会危害性，环境社会学在“社会控制”层面上的学术研究其实很早就发展起来，这主要归功于环境法学、环境经济学、环境管理学以及人口学的贡献，这些学科分别提出了解决环境问题的理论和对策[32]。

环境社会学对自然保护区管理的指导意义在于揭示自然保护区环境、社会互动系统内部互动的途径与方式，揭示内部的权力关系和互动关系网络。使我们在全面分析自然保护区的客观环境条件、发现自然条件优劣势的基础上，理顺社区与自然条件、社区之间、社区与自然保护区之间的关系，发挥良性互动，达到社区发展与自然保护的平衡状态[33]。

（三）区域经济学理论

区域经济学理论是研究生产资源在一定区域优化配置和组合，以获得最大产出的学说[34]。区域经济学的研究对象应该界定为，在实现国民经济总体目标最优的前提下，以区域分工与区位优势理论为依据，以经济活动的空间分布均衡为目标，以经济的空间分析为出发点，以具有相同经济特征的经济区域为单元，研究区域内人口、自然资源、资本、劳动力、制度、体制、政策等基本要素的空间配置以及经济活动的空间结构与空间过程[35]。较有影响的区域经济发展理论有[34]：

1. 平衡发展理论

平衡发展理论的出发点是为了促进产业协调发展和缩小地区发展差距。该理论认为，解决供给不足和需求不足这两种恶性循环的关键就是实施平衡发展战略，即促进各产业、各部门协调发展，改善供给状况，并形成相互支持性投资的格局，不断扩大需求。

2. 不平衡增长理论

其核心内容之一是联系效应原理。联系效应就是各个产业部门中客观存在的相互影响、相互依存的关联度，并可用该产业产品的需求价格弹性和收入弹性来度量。因此，优先投资和发展的产业，必定是联系效应最大的产业。

3. 梯度转移理论

该理论认为，区域经济的发展取决于其产业结构的状况，特别是其主导产业在工业生命周期中所处的阶段。如果其主导产业部门处于创新阶段，则说明该区域具有发展潜力，该区域处于高梯度区域。随着时间的推移生产活动逐渐从高梯度地区向低梯度地区转移。

4. 增长极理论

广义上增长极理论认为，区域经济的发展主要依靠条件较好的少数地区和少数产业，应把它们培育成经济增长极。通过增长极的极化和扩散效应，影响和带动周边地区和其他产业发展。在发展的初级阶段，极化效应是主要的；当增长极发展到一定程度后，极化效应削弱，扩散效应加强。

5. 累积因果论

累积因果论是迈达尔对梯度发展效应做了大量研究提出的著名理论。该理论认为，某一社会经济因素的变化，会引起另一社会经济因素的变化，后一因素的变化反过来又强化了前一个因素的变化，从而形成累积性的循环发展趋势。

6. 中心—外围理论

资源、市场、技术和环境等的区域分布差异是客观存在的，当某些区域的空间聚集形成累积发展之势时，形成区域经济体系的中心。外围地区则处于依附地位而缺乏经济自主，从而出现了空间二元结构。随着发展，中心与外围的界限会逐步消失，逐渐向一体化方向发展。

自然保护区是划定出来用以保护自然资源的一定区域，为维持这一区域的协调发展，处理好区域利益与整体利益以及区域之间的利益是至关重要的。区域经济学理论在自然保护区管理方面的指导作用，主要表现在强调自然保护区管理与区域经济发展相互协调、影响，强调自然资源保护与经济发展并重。从本质上来讲，发挥自然保护区的生态效益与维系周边社区的经济是统一的、相辅相成的，但在实践中之所以造成两者的对立主要是由于：一是区域经济发展的不平衡性，当地社区产业结构单一粗放导致对自然资源依赖性过大，破坏了生态系统的自我修复能力；二是忽视了自然保护区的生态效益，未把该部分计入经济效益[33]。

（四）生态经济学理论

生态经济学由生态学、经济学等很多相关学科交织而成，它最主要的研究对象是生态经济系统。现代生态系统和经济系统，以及它们耦合的生态经济复合系统，都在与其环境（自然和社会的）间进行物质、能量、信息、价值的不断交换，是典型的开放大系统。生态经济所强调的就是从整体上去研究生态系统和经济系统的相互影响、相互制约和相互作用，揭示自然和社会之间的本质联系和规律，改变生产和消费方式，高效合理利用一切可用资源，从而达到经济社会与生态发展全面协调，实现生态经济的最优目标[36]。

国内外生态经济的相关理论获得了长足的发展，经济学家对生态环境问题的分析解释，主要使用三个工具：一是产业结构理论；二是产权理论；三是"外部性"理论[37]。产业结构理论认为，经济结构、资源结构与经济发展水平有着密切的关系，产业结构不升级，就无法遏制自然资源耗竭和环境恶化的趋势。它强调的是加速经济发展的重要性，并把生态不可逆阈值作为低水平发展阶段资源和环境保护的底线。有关产权与资源、环境关系的分析是以著名的"公地悲剧"为例展开的[38]。产权理论强调的是，把资源与环境的产权界定清楚是解决环境问题的重要手段。资源的产权一旦界定清楚，且各利益相关者之间的联络、谈判、签约等成本足够低，则无论将产权划归给谁，该资源都会伴随着产权的交易最终达到社会最优配置。所谓"外部性"理论，就是一个行为个体的行动不是通过影响价格而影响到其他行为个体的环境。诺思所下的定义是：当某个人的行动所引起的个人成本不等于社会成本，个人收益不等于社会收益时，就存在外部性。外部性可能是对他人强加成本，也可能是对他人赋予利益。外部性理论强调的是有关各方合作的重要性，并把双赢（或"共赢"）作为衡量合作成功与否的标准。

根据生态经济学原理，自然保护区与周边聚落通过物质流、能量流、信息流及物种流的传输和交换构成生态经济系统，不仅包括自然生态子系统和社会生物子系统，而且涉及管理技术经济子系统，是一个层次结构化、功能多样化、管理复杂化、效益长期化的自然—社会—经济复合体系[39]。按照生态经济学理论的指导，在管理中兼顾这个大系统中生态、经济、社会三者效益的统一，特别是处理好有关自然保护区森林资源权属、生态补偿机制、优化社区产业结构、加速经济发展等一系列问题，是促进自然保护区和社区生态效益和经济效益协调发展的重要手段。

四、研究方法

（一）问卷调查法

问卷调查法也称“书面调查法”，或称“填表法”，指用书面形式间接收集研究材料的一种调查手段。通过向调查者发出简明扼要的征询单（表），请示填写对有关问题的意见和建议来间接获得材料和信息的一种方法。按照问卷填答者的不同，问卷调查可以分为自填式问卷调查和代填式问卷调查。问卷调查法能突破时空限制，在广阔范围内，对众多调查对象同时进行调查，节省时间、人力和经费，且便于对调查结果进行定量研究[40]。

本书根据调查对象的实际情况，采用的是自填式和代填式两者相结合的方式进行。在问卷的设计上，依据本研究的调查内容、调查地状况、调查对象现状等情况，采用以矩阵式问题为主，封闭式、选择式、列举式等问题类型为辅的设计方式。

（二）实地调查法

实地调查法是一种直接调查法。观察者直接深入现场、进入一定情景中去，有目的、有计划地用自己的感官或借助观察仪器直接“接触”所研究对象，调查正在发生、发展，且处于自然状态的社会事物和现象。根据观察者的角色，分为参与观察与非参与观察；根据观察的内容和要求，分为有结构观察和无结构观察。它能收集到较真实可靠的一手材料，收集到直观、具体、生动的材料。实地观察法具有直观性、可靠性等特点。它有利于对不能够或不需要进行语言交流的社会现象进行调查，有利于排除语言交流或人际交往中可能发生的种种误会和干扰，有利于直接与被观察者接触，有利于深入细致地了解被观察者在各种不同情况下的具体表现。实地观察法简便易行，适应性强，灵活性强，可随时随地进行，观察人员可多可少，观察时间可长可短，只要到达现场就能获得一定的感性认识[40]。本书根据实际情况，结合社区调研，采用非参与式无结构观察。

(三) 文献调查法

文献调查法也称历史文献法，就是一种通过收集各种文献资料、摘取有用信息、进行研究有关内容的方法。文献调查法具有间接性、历史性、无反应性和非介入性等特点。通过文献调查法，我们不仅可以了解到与调查课题有关的已有调研成果、有关理论和方法、有关政策和法律等内容，还可以了解到调查对象的历史和现状。文献调查法避免了直接调查中经常发生的调查者与被调查者互动过程中可能产生的种种反应性误差，且省时、省钱，效率高[40]。通过运用文献研究法，能够较快地掌握有关的科研动态、前沿进展，了解前人已研究的现状和取得的成果等，是科学、有效地开展后续工作的必要前提。

(四) 半结构访谈法

访谈法也称访问调查法，就是访问者与被访问者通过面对面口头交谈等方式直接向被访问者了解社会情况或探讨社会问题的调查方法。半结构式访谈，就是按照一定调查目的和粗放的调查提纲进行的访谈。这种访谈方法，对访问对象的选择和访谈中所要询问的方式和顺序、回答的记录、访谈时的外部环境等，都不作统一的规定和要求，而由访问者根据具体情况灵活掌握。这种方法有利于访问者充分调动被访问者的创造性和主动性，有利于获取原调查设计方案中没有考虑到的新情况、新问题，有利于对问题进行更为深入的探讨[40]。使用这种方法可以补充问卷调查的局限性。

(五) 参与式乡村评估 (PRA 评估)

参与式乡村评估 (Participatory Rural Appraisal，PRA) 方法是一种来自农户、依靠农户、与农户一道学习和了解农村生产生活状况及条件的方法和途径，是一个学习与了解的过程。PRA 评估是通过半结构式访谈、平面图、剖面图、社区大事记、季节历、社区组织结构分析图、资源管理的 3R 矩阵、问题树分析、对策分析、成对排序、社区大会等不断创新的途径和方法来使当地人民分享、加强和分析他们对自身和社区社会，以及环境条件的理解，并且制定计划、采取行动加以实施。

PRA 方法的目的是为了更好地了解社区的文化和社会价值体系，鼓励农户积极参与社区活动，促进共同分析形势、需求、优先事项和制约因素，建立社区自我发现、解决问题的能力，促进调查者和当地居民的对话和信息交流，加强社区之间的伙伴关系。

（六）数理统计法

数理统计法是以概率论为基础，运用统计学的方法对数据进行分析、研究导出其规律性。本研究中对数据的处理主要是运用 SPSS17.0 软件，对相关指标进行了统计分析，除了常规的描述性统计指标外，如均值、百分比等，独立样本 t 检验和一维方差分析将用于揭示一些比较复杂的变量关系。此外，还主要运用因子分析、典型相关分析研究变量间的关系。

第二章

广西林业系统自然保护区管理现状

一、广西林业系统自然保护区概况

广西地处欧亚大陆的东南部，面临北部湾，自北至南跨中亚热带、南亚热带和北热带三个生物气候带，地理位置独特，是我国生物多样性最丰富的地区之一。广西已知有维管束植物 8354 种，陆栖脊椎野生动物 942 种，物种总数仅次于云南省和四川省，居全国第三位。有国家重点保护的珍稀濒危野生动物 150 种、植物 123 种，广西特有种有白头叶猴、瑶山鳄蜥、银杉、元宝山冷杉、金花茶、德保苏铁、滕柄木等 700 多种。桂西南石灰岩地区是我国优先保护的 17 处生物多样性关键地区之一。广西通过建立自然保护区、自然保护小区、森林公园、生态公益林禁伐区等措施，使 90% 以上的动植物野外种群得到有效保护[41]。

（一）发展历程

1961 年，广西科委报请自治区党委批准建立了第一个自然保护区——花坪自然保护区，从此拉开了广西自然保护区事业发展的序幕。“文化大革命”期间，自然保护区发展一度停滞，直到 1972 年联合国环境与发展大会之后，才逐步恢复。1976 ~ 1981 年，广西又先后建立了猫儿山等 8 个自然保护区。1982 年 6 月，广西壮族自治区人民政府以桂政发［1982］97 号文，一次就批准建立了 52 个动植物自然保护区，抢救性地保护了广西大部分典型陆地生态系统，奠定了广西自然保护区事业的基础。进入 21 世纪，国家实施西部大开发，投入巨资启动野生动植物保护和自然保护区建设工程，广西自然保护区建设管理全面提速，全区先后完成了30个保护区的资源综合考察和25个保护区的总体规划，新建保护区7个，整合保护区8个，大明山、猫儿山、十万大山、千家洞共4个自然保护区晋升为国家级自然保护区。截止到2009年11月，据广西自然保护区统计资料，广西目前已经建立有78个自然保护区，包括国家级16个、自治区级50个、市级3个和县级9个，面积145.24万公顷，约占全区国土总面积的6.14%。至此，广西初步形成了布局基本合理、类型较为齐全、功能相对完备的自然保护区网络，成为全区生态保护的主体，在保护野生动植物、湿地和生物多样性，维护生态平衡和推动生态建设中发挥了巨大的作用。

（二）野生动植物保护

广西是全国野生动物分布最多的省（区）之一。到目前为止共记录有陆生野生动物942种，其中两栖类3目10科85种，占全国两栖类种数的19.5%；爬行类3目19科169种，占全国爬行类种数的48.0%；鸟类19目56科543种，占全国鸟类种数的45.8%；哺乳类10目32科149种，占全国哺乳类种数的24.5%。广西有灵长类动物8种（亚种），种类数在全国仅次于云南。白头叶猴是广西特有种，与最近重新发现的黑冠长臂猿，一同被列为世界最濒危的灵长类动物。此外，广西还有黑叶猴、黑颈长尾雉、黄腹角雉、蟒蛇、鳄蜥等具有重要保护价值的物种。

据不完全统计，广西目前已知的野生维管束植物288科，1778个属，8354种，占全国野生维管束植物总数的29%，仅次于云南、四川（含重庆市）两省，位居第三位。在1992年林业部公布的《国家珍贵树种名录》（第一批）记载132个树种中，广西有52种，占全国珍贵树种总数的39.3%，其中一级17种，二级35种。2000年国务院公布的《国家重点野生植物保护名录》（第一批）中，广西有78种，其中一级26种，二级52种。

广西区内濒危野生动植物种类多。其中分布有黑冠长臂猿、白头叶猴、黑叶猴、黑颈长尾雉、蟒等国家一级重点保护动物27种，瑶山鳄蜥、白头叶猴为广西特有濒危物种。珍稀濒危植物有银杉、冷杉、红豆

杉、伯乐树、单性木兰、华南五针松、蚬木、金花茶等123种，占全国总种数的32%。近年来，广西各级林业主管部门从资金、技术、人力等方面加大对濒危物种的保护力度，主要措施是：

(1) 加强濒危物种的种群资源调查工作，弄清濒危物种的现状。对白头叶猴、黑叶猴、黑冠长臂猿、瑶山鳄蜥、雉类、银杉、元宝山冷杉、南方铁杉、单性木兰、金花茶、苏铁和兰科植物等珍稀濒危物种展开了专项调查，为濒危物种保护和抢救提供了重要依据。

(2) 加强自然保护区的建设管理，加强濒危物种的就地保护。建立了弄岗和崇左白头叶猴、金钟山雉类、雅长兰科植物、那佐苏铁、大瑶山、大桂山鳄蜥等14个动植物类型的自然保护区进行就地保护，使濒危物种的野外种群数量逐年增加。

(3) 实施珍稀濒危物种的迁地保护与人工种群的野外放归。广西林业局和广西师范大学合作建立了珍稀濒危雉类繁殖基地，成功繁殖了黑颈长尾雉、白颈长尾雉、黄腹角雉等雉类，黑颈长尾雉室内种群数量居世界首位，并成功地开展了黑颈长尾雉的野外放归。梧州黑叶猴公园已建设成为目前世界上最大的黑叶猴繁殖基地。广西林业局组织实施的黑叶猴野外种群复壮的工程正按计划逐步展开。广西还通过建立兰科植物种质基因库、珍稀植物园等措施，对大量珍稀濒危植物实施了迁地保护。

(4) 加强野生动物救护中心的建设，收容被收缴的非法贸易的物种[41]。

(三) 生态系统与自然资源的保护

广西通过建立自然保护区、自然保护小区、森林公园、生态公益林禁伐区等途径，使80%以上的陆地生态系统得到有效保护。广西林业系统现有78个自然保护区中的63个属于森林生态系统类型自然保护区，97.5%的陆地植被生态系统类型在自然保护区内有分布，保护状况良好。

广西在石漠化较严重的桂西南及桂西北石灰岩地区建立了弄岗、木论等13个自然保护区，对遏制生态恶化，维护生态平衡，保障国土安全发挥了极为重要的作用，为石漠化治理工程建设提供了重要的天然参照物。

广西是我国湿地类型齐全、数量较丰富的省区之一，主要湿地类型有近海及海岸湿地、河流湿地、湖泊湿地、沼泽湿地和库塘湿地五大类11种类型。全区现有100公顷以上的各类湿地面积为706235公顷，其中近海与海岸湿地面积占47.6%，河流湿地面积占32.8%，库塘湿地面积占19.3%。广西现有红树林湿地面积8375公顷，占全国红树林总面积的38.0%，仅次于广东，位居全国第二。据初步调查统计，广西有湿地动物985种，珍稀濒危种类有中华秋沙鸭、海南虎斑、黑嘴鸥等；有淡水鱼类209种；有海洋鱼类429种、虾类40多种。珍稀濒危海洋动物有中华鲟、儒艮等。湿地植物种类有1115种，其中红树植物有红海榄、木榄、秋茄、白骨壤、桐花树、老鼠勒、榄李、银叶树、海漆等7科9属9种。

林业自然保护区是广西自然遗产最珍贵、自然资源最丰富、森林植被最精华、森林景观最优美、生态地位最重要的区域。长期以来，广西自然保护区建设坚持“保护第一”的原则，广大保护区建设者和社区群众勒紧裤腰带，保护着国家的宝贵财富，为此做出了很大的贡献。近年来，随着经济社会的快速发展，群众对自然资源开发利用的要求日益强烈。保护区的管理部门始终坚持“核心区管死、缓冲区管严、实验区科学合理利用”的原则，对保护区经营开发项目采取科学规划、环境影响评价、专家论证等的严格审批制度，确保保护区自然资源和自然环境的安全[41]。

二、广西林业系统自然保护区管理现状

目前自然保护区的管理主要是由自然保护区管理机构对自然保护区所在区域内资源进行管理，鉴于广西的自然保护区内部及周边居住着大量的各族群众，保护区的管理人员还应该对社区居民进行生态宣教，引导和帮助社区居民发展经济的同时，合理利用资源，以形成保护区与社区的和谐关系，促进保护区的可持续发展。但随着经济快速增长和人口不断增加，能源、水、土地、矿产等资源不足的矛盾越来越尖锐，自然保护区资源利用、环境保护面临的压力越来越大。粗放型的经济增长方

式，资源的不合理利用，导致广西森林资源质量下降，生态功能退化，生态环境状况处于从“整体恶化、局部好转”向“破坏和治理相持”过渡的十分关键而又敏感的阶段，自然环境保护面临新的挑战。广西现有的自然保护区数量和面积远远不能满足自然保护工作的需要。由广西林业局2006年开展的“全区林业系统自然保护区周边社区经济社会专项调查”、2010年广西区人大农业与农村委员会“关于我区自然保护区建设管理及周边社区群众生产生活情况的专题调研报告”以及结合本次调查研究人员在林业系统自然保护区中的抽样调查结果，得到以下现状分析。

（一）自然保护区管理机构建设

广西林业系统自然保护区中还有部分自然保护区未建立管理机构和配备专职管理人员，部分自然保护区的人员结构不合理，一线管护人员少，造成了保护区的很多工作无法正常开展。目前，全区63处林业自然保护区，设置有专门管理机构的45处，其中，机构独立、财务独立、有编制的仅20处；机构不独立，即实行“一套人马，两块牌子”的18处；无专门管理机构，由市、县林业行政管理部门兼管的17处。保护区共设114个管护站，编制总人数1195人，平均每个保护区19.3人。仅有44个保护区配备了专业技术人员，现有各类专业技术人员455人，占职工总数的18.7%[42]。

总的来看，广西林业系统自然保护区的管理机构还存在机构设置的不合理，不利于从根本上保障自然保护区的有效管理[41]。

（二）自然保护区的财政供养情况

目前，除国家级自然保护区基础设施建设由中央财政投入外，地方级自然保护区基础设施建设均未纳入各级政府社会经济发展计划，没有资金投入。自然保护区研究、监测、培训、科普宣传、社区共管等管理经费，主要是通过国际合作项目争取援助，只有极少部分资金来源于地方财政[42]。

根据本次调查，实际享受全额拨款的林业系统自然保护区管理机构有24个，享受差额拨款的保护区有14个，无经费保障的保护区有34个（涉及20个保护区）。

保护区保护机构的建立、保护机构的正常运转、从业人员的工资保障、设施设备的添置与更新，无一不需要经费的保障，财政供养不足将制约保护区功能的发挥，客观上导致了一些保护区建而不管[41]。

大多数保护区管理机构集行政、事业和企业职能于一体，常出现事权不清、管理缺位、专项经费被挪用等问题。同时，保护区管理队伍整体素质不高，技术人员不到职工总数的1/5，而且还有很大一部分是林业局、林场工作人员兼职。管理经费不足或缺失，导致保护区的内部管理效率不高。

（三）自然保护区周边社区情况

广西是一个山多地少的多民族杂居自治区，俗称八山片海分半田，除桂东南、桂中有小块平原，其余多为山地。在建立自然保护区的过程中，划入保护区范围的区域普遍有居民及其村寨。由于人口众多，人口密度大，大批自然保护区建立起来以后，与周边社区的关系出现了各种各样的问题，在此分别以位于保护区核心区、缓冲区、试验区的实际情况予以说明。

居住在十万大山保护区核心区内的共有11个瑶族自然村屯，约有瑶族同胞1600人。黑石寨是十万大山深处的纯瑶族屯，有13户70口人，主要靠经营八角林维持生计。由于历史原因，黑石寨在迁出保护区再回迁后，因无“山界林权证”，对祖宗留下来的八角林及20世纪60年代种植的八角林成了不合法的经营者。由于返回故地重建家园丧失生计，生活艰辛，瑶族同胞又陆续在山林里栽种八角树苗。为了有利于八角树生长，他们环割了影响八角树生长的林木，使之枯死，从而与自然保护区产生了相当尖锐的矛盾和冲突。近年来八角价格大幅度跌落，使瑶族同胞的生活更加困难。据黑石寨村民小组长蒋春东的估算，2005年黑石寨13户人家的总收入是2.8万元。为了生存，部分农户违反保护区条例，在有水源的山坡上开挖梯田种植水稻，解决部分口粮。全寨的大部分口粮都要靠到山外去购买。由于不能合法开展生产经营活动，至今生活仍较为贫困[43]。

地处花坪国家级自然保护区缓冲区的龙胜各族自治县三门镇的花坪、宇海两个村民委、8个村民小组138户549人，居住在保护区的缓

冲区。为了解决群众生存发展的需要，保护区在这两个村所在地的周边划出44529亩林地，作为两个村的生产经营区，群众以砍伐人工林里的杉木、竹子、杂木出售作为主要经济收入，并间伐杂木生产香菇、木耳出售，收入颇丰。村民住宅多为木瓦结构的大房子，2000年农民人均纯收入已经达到2300元，生活相当宽裕。2000年开始严禁砍伐天然林，由于地处保护区内，人工杉木林、竹林也不准间伐，花坪、宇海两个村的村民因此丧失了生产生活资料，没有经济来源。在丧失了生计之后，人们纷纷外出打工，宇海村有328人，有129人常年在外打工谋生，中年人不能出远门的也到邻近的地方打短工，村里只剩下老人和儿童留守。据花坪自然保护区保护局提供的资料，2006年花坪村农民人均收入是996.85元，人均有粮175公斤；宇海村农民人均收入是1175元，人均有粮85.5公斤[43]。

滑水冲自然保护区与南乡镇的江坪、洞新、大汤、南中、良怀5个村接壤，其中江坪村的龙水寨3个村民小组500人地处缓冲区；大宁镇的公宝村；黄洞瑶族乡的都江村12个瑶苗村民小组1800人分别居住在缓冲区和试验区内，还有600人居住在周边；贺街镇的双津村和步头镇的保和村，共5个乡镇9个行政村，约以每个村有2000人计算，居住在滑水冲保护区缓冲区、试验区和周边区域约有近2万人。这些居民的生产经营活动以林为主，各民族以山为伴，靠山吃山。村民曾经以经营松树林、割松脂、生产木材，经营杂木林生产香菇等获得高效益。总之，从事林业生产经营活动的林区农民，不仅对国民经济作出重要贡献，也取得较好的经济收入。1982年，当时的梧州地区贺县县长发布了一张关于建立自然保护区的布告。布告中宣布把滑水冲林区8500公顷即16万亩林地划为自然保护区。布告里把滑水冲林区内及周边上文所述5个乡镇中9个村的8万亩集体所有林分别划入了保护区的核心区、缓冲区和试验区。1999年以后取消了砍伐指标，2001年以后政府宣布保护区的林木一律不准砍伐，滑水冲缓冲区和试验区的林农从此丧失了经济收入的主要来源，仅靠生态公益林补偿费难以维持生计。

第二篇

广西林业系统自然保护区管理问题研究

第三章

广西林业系统自然保护区内部管理问题现状分析

本章主要研究广西林业系统自然保护区内部管理问题的现状，通过对保护区内部工作人员对生活、工作等的态度来反映其内部管理问题的存在。特选取“A1 愿意从事保护区工作”、“A2 对目前的工作非常满意”、“A3 保护区职工数量满足保护区工作需要”、“A4 保护区职工素质适应保护区工作需要”、“A5 保护区保护经费充足”、“A6 保护区管理手段先进”、“A7 保护区职工管理制度健全”、“A8 保护区职工激励制度合理”、“A9 保护区职工生活便利”、“A10 保护区职工娱乐较多”、“A11 保护区职工发展与培训机会较多”、“A12 保护区职工对外沟通和交流感觉到满意”、“A13 您了解保护区功能分区”、“A14 保护区严格按照分区安排活动”这 14 个问题来进行分析，并采用李克特 5 点尺度测评这 14 个问题，1 ~5 分别代表“完全不同意”、“不同意”、“中立”、“同意”、“完全同意”，分别赋予分值1 ~5 分。用主成分因子来对广西林业系统自然保护区内部管理问题进行分析，归结出目前影响其内部管理的几类问题。

一、样本的适宜性检验

根据因子分析的要求，对问卷数据进行样本适宜性检验，检验结果见表 3 –1。

由表 3 –1 可知，Bartlett 球形度检验的 Sig. =0.000，显著程度极高，可以拒绝相关矩阵为单位阵的零假设；同时，KMO 测度值为 0.773，表明样本变量达到因子分析的要求。两个测度都说明观测数据适合作因子分析。

表3-1 KMO和Bartlett的检验

取样足够度的 Kaiser-Meyer-Olkin 度量		0.773
Bartlett 的球形度检验	近似卡方	508.781
	df	91
	Sig.	0.000

二、因子分析及主成分的确定

本研究的调查问卷中，影响保护区的内部管理问题的指标比较多，所以运用因子分析方法来提取主成分，得到碎石图（见图3-1）和因子累积方差贡献率（见表3-2）。

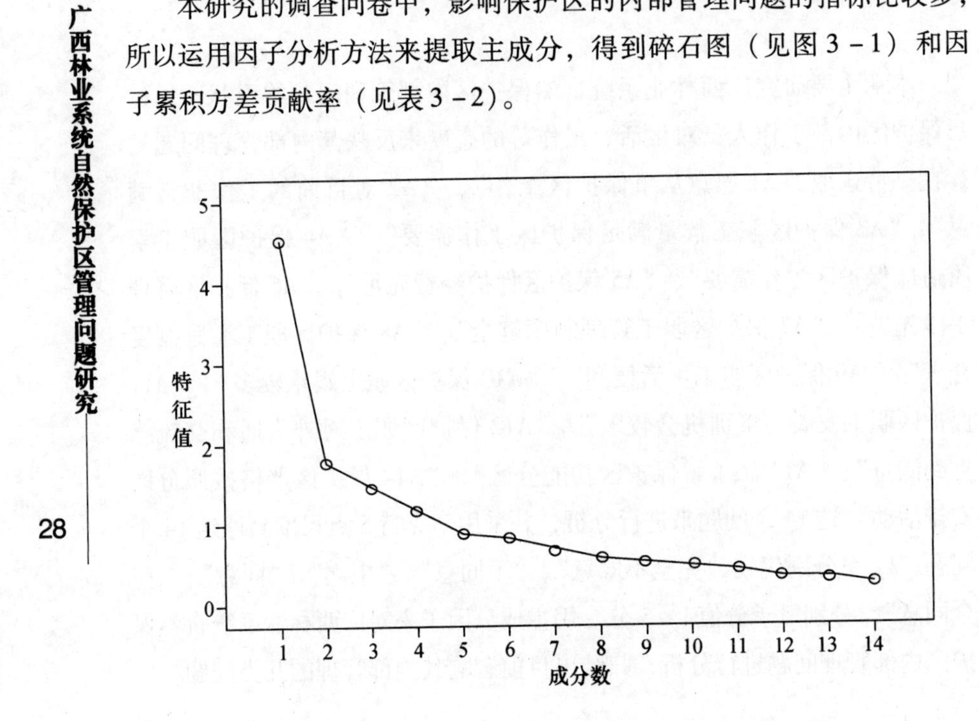

图3-1 碎石图

由图3-1可以看出，提取4个主成分比较适宜；由表3-2可以得到，提取4个主成分时的累积方差贡献率为63.373%。此外，问卷中各因子对自然保护区内部管理问题影响的贡献率都很小，说明影响因素很多，相关内容复杂。采用正交旋转中的方差最大法对因子成分矩阵进行

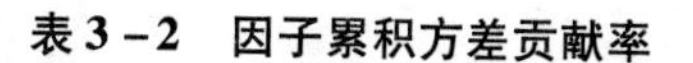

表3-2 因子累积方差贡献率

成分	初始特征值			提取平方和载入			旋转平方和载入		
	合计	方差的%	累计%	合计	方差的%	累计%	合计	方差的%	累计%
1	4.517	32.266	32.266	4.517	32.266	32.266	2.977	21.261	21.261
2	1.744	12.456	44.722	1.744	12.456	44.722	2.315	16.535	37.795
3	1.453	10.376	55.097	1.453	10.376	55.097	1.958	13.989	51.784
4	1.159	8.276	63.373	1.159	8.276	63.373	1.622	11.589	63.373
5	0.876	6.255	69.629						
6	0.797	5.692	75.320						
7	0.656	4.683	80.003						
8	0.547	3.910	83.914						
9	0.498	3.556	87.470						
10	0.460	3.286	90.756						
11	0.419	2.996	93.752						
12	0.325	2.324	96.076						
13	0.312	2.232	98.308						
14	0.237	1.692	100.000						

旋转，确定4个相互独立的公因子，分别记为G1、G2、G3、G4。旋转结果见表3-3。在因子矩阵中，变量指标与某一公因子的联系系数的绝对值越大，则该指标与公因子的关系就越接近。

表3-3 VARIMAX旋转成分矩阵

变量指标	主成分			
	G1	G2	G3	G4
A1	0.042	0.024	0.906	0.081
A2	0.204	0.342	0.711	0.031
A3	0.525	-0.214	0.351	-0.170
A4	0.519	0.047	0.470	-0.146
A5	0.543	0.380	-0.123	-0.019
A6	0.785	0.263	-0.018	0.010
A7	0.723	0.149	0.312	0.085

续表

变量指标	主成分			
	G1	G2	G3	G4
A8	0.716	0.252	0.086	0.059
A9	0.062	0.712	0.228	-0.101
A10	0.214	0.806	-0.117	0.005
A11	0.524	0.490	0.239	-0.010
A12	0.278	0.661	0.189	-0.165
A13	-0.139	-0.086	0.086	0.884
A14	0.143	-0.094	-0.041	0.857

再由回归法估计出因子得分，结果见表3-4：

表3-4　成分得分系数矩阵

变量指标	主成分			
	G1	G2	G3	G4
A1	-0.151	-0.023	0.544	0.041
A2	-0.113	0.128	0.384	0.037
A3	0.259	-0.288	0.129	-0.134
A4	0.168	-0.133	0.193	-0.099
A5	0.203	0.093	-0.188	0.016
A6	0.336	-0.040	-0.164	0.021
A7	0.272	-0.099	0.052	0.055
A8	0.284	-0.029	-0.088	0.050
A9	-0.190	0.392	0.103	-0.008
A10	-0.074	0.432	-0.141	0.069
A11	0.099	0.150	0.032	0.026
A12	-0.059	0.304	0.042	-0.054
A13	-0.073	0.054	0.070	0.549
A14	0.096	-0.020	-0.058	0.531

由表3-4的成分得分系数矩阵，可以写出主成分的表达式如下：

$G1 = 0.259A3 + 0.168A4 + 0.203A5 + 0.336A6 + 0.272A7 + 0.284A8 + 0.099A11$

$G2 = 0.392A9 + 0.432A10 + 0.304A12$

$G3 = 0.544A1 + 0.384A2$

$G4 = 0.549A13 + 0.531A14$

根据上述计算结果，以及对各个变量代表的意义进行分析，可以对公因子进行解释及命名。由此，可以将影响广西林业系统自然保护区内部管理的因素的变量指标归结为以下四大类，具体见表3－5。

表3－5 广西林业系统自然保护区内部管理影响因素变量指标分类

主成分	成分命名	变量指标
G1	自然保护区的管理能力和工作条件	A3 保护区职工数量满足保护区工作需要
		A4 保护区职工素质适应保护区工作需要
		A5 保护区保护经费充足
		A6 保护区管理手段先进
		A7 保护区职工管理制度健全
		A8 保护区职工激励制度合理
		A11 保护区职工发展与培训机会较多
G2	自然保护区从业人员的生活条件	A9 保护区职工生活便利
		A10 保护区职工娱乐较多
		A12 保护区职工对外沟通和交流感觉到满意
G3	自然保护区从业人员的工作态度	A1 愿意从事保护区工作
		A2 对目前的工作非常满意
G4	自然保护区科研活动的开展	A13 您了解保护区功能分区
		A14 保护区严格按照分区安排活动

三、广西林业系统自然保护区内部管理问题现状分析

通过对不同级别自然保护区的从业人员的问卷调查发现，影响保护区管理的内部因素繁多，通过主成分因子分析，我们得出4个主成分，代表着影响自然保护区管理的4个主要内部因素，它们分别是：自然保护区的管理能力和工作条件（G1）、自然保护区从业人员的生活条件

（G2）、自然保护区从业人员的工作态度（G3）以及自然保护区科研活动的开展（G4）。

（一）自然保护区的管理能力和工作条件（G1）

主成分 G1“自然保护区的管理能力和工作条件”是自然保护区内部管理影响因素之一，它主要包括“保护区职工数量满足保护区工作需要”（A3）、“保护区职工素质适应保护区工作需要”（A4）、“保护区保护经费充足”（A5）、“保护区管理手段先进”（A6）、“保护区职工管理制度健全”（A7）、“保护区职工激励制度合理”（A8）、“保护区职工发展与培训机会较多”（A11）7 个方面内容，其影响程度具体见表 3－6。

表 3－6 自然保护区管理能力和工作条件对保护区内部管理的影响程度

影响因素	1	2	3	4	5	均值	标准差	排序
A3	13.4	28.3	26.8	18.9	12.6	2.89	1.229	3
A4	6.3	14.2	31.5	25.2	22.8	3.44	1.173	2
A5	36.2	27.6	25.2	8.7	2.4	2.13	1.079	7
A6	18.1	29.9	25.2	15.7	11.0	2.72	1.247	5
A7	8.7	15.0	32.3	19.7	24.4	3.36	1.245	1
A8	20.5	14.2	38.6	15.7	11.0	2.83	1.241	4
A11	26.8	20.5	26.0	15.7	11.0	2.64	1.325	6

我们可以看出影响因素 A3、A8、A6、A11 的均值分别为 2.89、2.83、2.72 和 2.64，说明被调查者对于这 4 个变量都持否定的态度，认为在“保护区职工数量”、“保护区职工激励制度”、“保护区管理手段”以及“保护区职工培训与发展机会”这四个方面都未能满足保护区工作开展的要求，对保护区内部管理存在较大的不利影响。而对于影响因素 A7 和 A4，其均值为 3.36 和 3.44，表示被调查者认为在“保护区职工管理制度”和“保护区职工素质是否适应保护区工作需求”这两个方面持中立的态度，认为这两个方面也没有完全满足保护区工作开展的要求，对其内部管理也存在一定的不利影响。

据统计，到 2006 年，广西林业系统有 58 个自然保护区建立了管理机构。其中只有弄岗、大明山、木论、猫儿山、花坪、大瑶山、底定等15个自然保护区建立了独立的管理机构，仅占林业系统自然保护区数量的26%。而“一套人马、两块牌子”的与其他管理机构相重叠的自然保护区有43个，占林业系统自然保护区数量的74%。而且一些自然保护区虽然设置了管理机构，但没有人员编制，没有落实经费来源。在这58个自然保护区中有编制的自然保护区仅43个，占保护区数量的74%，编制总人数1195人，平均每个保护区27.8人。每个保护区有编制的从业人员数量较少，不利于保护区管理工作的开展。且仅有44个林业系统自然保护区配置有专业技术人员，不能满足保护区科研工作的需求，不利于自然保护区的发展。

（二）自然保护区从业人员的生活条件（G2）

主成分G2“自然保护区从业人员的生活条件”是影响自然保护区内部管理的重要因素之一，它主要包括“保护区职工生活便利”（A9）、“保护区职工娱乐较多”（A10）、“保护区职工对外沟通和交流感觉到满意”（A12）三个方面内容，其影响程度具体见表3－7。

表3－7 自然保护区从业人员的生活条件对保护区内部管理的影响程度

影响因素	1	2	3	4	5	均值	标准差	排序
A9	19.7	18.1	35.4	14.2	12.6	2.82	1.263	2
A10	40.9	21.3	26.8	5.5	5.5	2.13	1.178	3
A12	12.6	18.1	32.3	22.0	15.0	3.09	1.228	1

我们可以看出影响因素A9和A10的均值为2.82和2.13，表明被调查者对这两个影响因素都持否定的态度，认为在“保护区职工生活便利”和“保护区职工娱乐较多”这两个方面都比较欠缺，不能满足从业人员的需求。而影响因素A12的均值为3.09，表明被调查者对该因素持中立态度，认为在“保护区职工对外沟通和交流感觉到满意”，这方面基本能满足从业人员的需求。但是，其中有30.7%的被调查者认为保护区职工缺少对外的沟通和交流。

广西林业系统自然保护区大都建立在比较偏僻的地方，管护站又建

立在自然保护区内部，交通、通信都不是很方便，很多从业人员，特别是在保护站工作的从业人员，长期工作在保护区，远离城镇、远离人群，生活很不方便，娱乐活动较少，与外界的沟通和交流也都比较少，特别是县（市）级自然保护区在这些方面就更加欠缺。保护区从业人员的生活条件非常艰苦，这不利于保护区人力资源管理的长期发展。

（三）自然保护区从业人员的工作态度（G3）

主成分 G3“自然保护区从业人员的工作态度”也是影响自然保护区内部管理的重要因素之一，它包括“愿意从事保护区工作”（A1）以及“对目前的工作非常满意”（A2）两个方面，其影响程度具体见表3－8。

表3－8　自然保护区从业人员的工作态度对保护区内部管理的影响程度

影响因素	1	2	3	4	5	均值	标准差	排序
A1	1.6	6.3	8.7	11.0	72.4	4.46	0.998	1
A2	3.1	3.9	22.8	19.7	50.4	4.10	1.083	2

我们可以看出影响因素 A1 和 A2 的均值分别为 4.46 和 4.10，表明被调查者对“愿意从事保护区工作”以及“对目前的工作非常满意”都持肯定的态度，说明大部分被调查的保护区从业人员对当前的工作都比较满意、都比较愿意从事保护区的工作。但是，仍然有 7.9% 的被调查从业人员不大愿意在保护区工作，有 7.0% 的被调查从业人员对目前的工作不是很满意。

在调查过程中，我们发现虽然保护区工作条件和生活条件不是很好，但是大部分从业人员对当前的工作还是比较满意且充满热情，表明自然保护区的工作仍然存在一定的吸引力。但是，仍然有部分从业人员不愿意从事目前的工作、对目前的工作也不甚满意，这说明保护区在人力资源管理方面还存在很多问题，这有可能造成保护区部分人才流失。据了解，广西林业系统自然保护区中还有少部分自然保护区没有编制，而有编制的自然保护区其从业人员中也大都以没有编制的合同工、聘用员工为主，在我们调查的从业人员中，仅有 52.5% 的被调查者有编制，大部分保护区从业人员的收入都比较少，有些待遇甚至不能满足从业人员基本生活所需。所以，为了解决好从业人员工作态度问题，最重要的一点就是要提高从业人员的收入，增加福利待遇，使其能对保护区工作充满信心和动力。

（四）自然保护区科研活动的开展（G4）

主成分 G4“自然保护区科研活动的开展”作为保护区内部管理重要的影响因素之一，它包括“您了解保护区功能分区”（A13）以及“保护区严格按照分区安排活动”（A14）两个方面的内容，其影响程度具体见表 3－9。

表 3－9　自然保护区科研活动的开展对保护区内部管理的影响程度

影响因素	1	2	3	4	5	均值	标准差	排序
A13	8.5	7.6	33.1	20.3	30.5	3.57	1.237	1
A14	8.1	7.2	37.8	15.3	31.5	3.55	1.234	2

我们可以看出影响因素 A13、A14 的均值分别为 3.57 和 3.55，表明被调查者对“您了解保护区功能分区”以及“保护区严格按照分区安排活动”持中立的态度，说明接受调查的从业人员都认可目前保护区的科研活动开展基本满足保护区的发展要求。但是，有 16.1% 的被调查者不清楚保护区的功能分区，有 15.3% 的被调查者认为保护区并没有按照功能分区安排活动。

在调查中我们发现，绝大部分保护区的功能分区都十分清楚，其从业人员也都了解具体的功能分区及各功能区允许安排的活动，但是有少部分接受调查的从业人员不了解保护区的功能分区，且有部分自然保护区并没有严格按照功能分区安排活动。例如，弄岗国家级自然保护区核心区内就还有居民居住，九万山和大明山还有矿产开采的活动等，在县市级自然保护区这种情况就更加明显。严格按照功能分区开展活动是保护区管理工作中最为重要的内容，从业人员对功能分区不了解或保护区没有明确划定各功能区，这会给自然保护区的保护工作带来巨大阻碍。所以，自然保护区科研活动的开展作为影响保护区内部管理的重要因素之一，应当对没有划定功能分区的保护区立即展开勘察划定工作，并作出明显的标志界限、制定出严格的功能分区管理计划；对保护区从业人员，要加大对他们的培训，使每一个从业人员都清楚保护区的功能分区，并严格按照功能分区开展工作；对保护区周边社区居民，要加大宣传教育力度，普及保护区功能分区及各功能区限制开展的活动内容。

第四章

广西林业系统自然保护区外部管理问题现状分析

本章主要研究广西林业系统自然保护区外部管理问题的现状，通过对保护区周边社区居民对生活、工作等的态度来反映其外部管理问题的存在。特选取自然保护区的“B1 当地家庭建房木材主要来自保护区”、“B2 当地家庭燃料主要来自保护区”、“B3 当地村民经常到保护区采挖果、草、药等资源”、“B4 当地村民经常到保护区放牧”、“B5 当地社区环境与资源保护做得很好”、“B6 保护区被社区蚕食（范围缩小）”、“B7 保护区资源保护与社区经济发展存在矛盾”、“B8 保护区建立对保护资源与环境具有重要意义”、“B9 村民的生产生活对保护区造成了较大破坏”、“B10 保护区的保护工作应由保护区与社区共同完成”、“B11 保护区管理部门经常在社区进行宣传教育”、“B12 保护区域内禁止打猎、捕鱼、种植等资源管理措施宣传到位”、“B13 保护区宣传教育后社区支持保护建设的力度增强”、“B14 保护区宣传教育后村民参与保护的积极性增强”、“B15 保护区建立改善了社区生活环境”、“B16 保护区区域内禁止种植、采摘、放牧等影响村民的生活”、“B17 保护区阻碍了村民与外界的交流”、“B18 保护区有对社区居民补偿机制”、“B19 保护区有完善的针对社区居民的奖惩机制”、“B20 保护区设立了社区共管机构”、“B21 建立了社区共管制度”、“B22 社区共管给社区居民提供多种工作岗位”、“B23 您认可目前社区共管的做法”、“B24 保护区山林权属清楚”、“B25 保护区边界情况清楚”、“B26 保护区林权纠纷多”这 26 个问题进行分析，并采用李克特 5 点尺度测评这 26 个问题，1 ~ 5 分别

代表“完全不同意”、“不同意”、“中立”、“同意”、“完全同意”，分别赋予分值1~5分。用主成分因子来对广西林业系统自然保护区外部管理问题进行分析，归纳总结出目前影响其外部管理的几类问题。

一、样本的适宜性检验

根据因子分析的要求，对问卷数据进行样本适宜性检验，检验结果见表4-1。

表4-1 KMO和Bartlett的检验

取样足够度的 Kaiser - Meyer - Olkin 度量		0.777
Bartlett 的球形度检验	近似卡方	2768.210
	df	325
	Sig.	0.000

由表4-1可知，Bartlett 球形度检验的 Sig. =0.000，显著程度极高，可以拒绝相关矩阵为单位阵的零假设；同时，KMO 测度值为0.777，表明样本变量达到因子分析的要求。两个测度都说明观测数据适合作因子分析。

二、因子分析及主成分的确定

本研究的调查问卷中，影响保护区管理的外部因素的指标比较多，所以运用因子分析方法来提取主成分，得到碎石图（见图4-1）和因子累积方差贡献率（见表4-2）。

表4-2 因子累积方差贡献率

成分	初始特征值			提取平方和载入			旋转平方和载入		
	合计	方差的%	累计%	合计	方差的%	累计%	合计	方差的%	累计%
1	5.556	21.370	21.370	5.556	21.370	21.370	3.032	11.661	11.661
2	3.493	13.435	34.805	3.493	13.435	34.805	2.882	11.085	22.746
3	1.967	7.564	42.370	1.967	7.564	42.370	2.686	10.330	33.076
4	1.663	6.396	48.766	1.663	6.396	48.766	2.030	7.807	40.884
5	1.329	5.111	53.877	1.329	5.111	53.877	1.878	7.221	48.105
6	1.297	4.989	58.866	1.297	4.989	58.866	1.724	6.631	54.736
7	1.206	4.639	63.505	1.206	4.639	63.505	1.692	6.507	61.243

续表

成分	初始特征值			提取平方和载入			旋转平方和载入		
	合计	方差的%	累计%	合计	方差的%	累计%	合计	方差的%	累计%
8	1.029	3.956	67.461	1.029	3.956	67.461	1.617	6.218	67.461
9	0.957	3.679	71.141						
10	0.891	3.426	74.566						
11	0.686	2.638	77.204						
12	0.656	2.524	79.728						
13	0.589	2.266	81.994						
14	0.558	2.147	84.141						
15	0.532	2.046	86.186						
16	0.505	1.943	88.129						
17	0.463	1.783	89.912						
18	0.440	1.693	91.605						
19	0.406	1.562	93.168						
20	0.382	1.470	94.638						
21	0.332	1.277	95.915						
22	0.308	1.185	97.100						
23	0.275	1.057	98.157						
24	0.239	0.919	99.077						
25	0.135	0.521	99.597						
26	0.105	0.403	100.000						

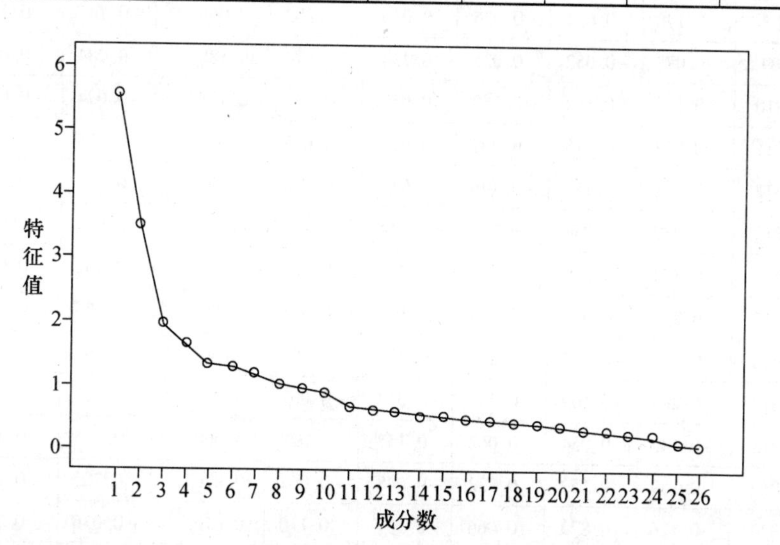

图 4-1 碎石图

由图4－1可以看出，提取8个主成分比较适宜；由表4－2可以得到，提取8个主成分时的累积方差贡献率为67.461%；此外，问卷中各因子对自然保护区管理外部影响的贡献率都很小，说明影响因素很多，相关内容复杂。采用正交旋转中的方差最大法对因子成分矩阵进行旋转，确定8个相互独立的主成分，分别记为C1、C2、C3、C4、C5、C6、C7、C8，旋转结果见表4－3。在因子矩阵中，变量指标与某一公因子的联系系数的绝对值越大，则该指标与主成分的关系就越接近。

表4－3　VARIMAX旋转成分矩阵

变量指标	主成分							
	C1	C2	C3	C4	C5	C6	C7	C8
B1	－0.112	0.050	0.621	0.049	－0.252	0.206	－0.006	－0.050
B2	－0.180	－0.021	0.766	0.002	－0.210	0.093	0.060	0.029
B3	－0.161	0.067	0.721	0.237	0.141	4.659E－6	0.206	0.051
B4	－0.037	0.042	0.734	0.150	0.141	0.144	0.117	0.020
B5	0.260	0.168	－0.305	－0.427	0.340	0.215	0.124	－0.075
B6	－0.088	－0.071	0.284	0.696	－0.005	0.009	0.134	－0.041
B7	－0.044	－0.039	0.001	0.484	0.109	0.197	0.190	－0.327
B8	0.140	0.093	0.055	－0.046	0.783	－0.068	－0.141	0.135
B9	－0.073	－0.052	0.025	0.734	－0.074	0.188	－0.084	0.021
B10	0.142	0.062	－0.159	0.057	0.752	－0.138	－0.024	－0.021
B11	0.833	0.125	0.009	0.076	0.057	－0.097	0.075	0.028
B12	0.811	0.153	－0.106	－0.011	0.160	－0.094	0.010	0.031
B13	0.780	0.084	－0.232	－0.244	0.166	－0.100	－0.057	－0.040
B14	0.774	0.076	－0.260	－0.280	0.161	－0.052	－0.062	－0.058
B15	0.275	0.088	0.008	－0.166	0.513	－0.077	0.376	－0.090
B16	－0.022	－0.022	0.073	0.225	－0.159	0.747	0.068	0.054
B17	－0.223	0.109	0.235	－0.017	－0.067	0.759	－0.112	－0.042
B18	－0.143	0.054	0.062	0.157	－0.028	0.060	0.825	0.114
B19	0.159	0.152	0.332	－0.048	－0.062	－0.026	0.705	0.156
B20	0.126	0.872	－0.066	－0.137	0.110	0.076	－0.036	0.143
B21	0.092	0.917	－0.034	－0.096	0.083	0.022	0.003	0.049

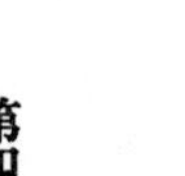

续表

变量 指标	主成分							
	C1	C2	C3	C4	C5	C6	C7	C8
B22	0.011	0.676	0.132	0.158	-0.013	-0.179	0.372	-0.073
B23	0.193	0.786	0.121	-0.101	0.058	0.036	0.066	0.118
B24	-0.066	0.065	0.091	-0.086	0.103	0.092	0.050	0.838
B25	0.037	0.138	-0.052	-0.006	-0.027	-0.089	0.170	0.815
B26	-0.201	-0.160	0.309	0.428	-0.059	0.527	0.109	-0.108

再由回归法估计出因子得分，结果见表4-4。

表4-4　成分得分系数矩阵

变量 指标	主成分							
	C1	C2	C3	C4	C5	C6	C7	C8
B1	0.071	0.015	0.287	-0.096	-0.112	0.036	-0.090	-0.052
B2	0.043	-0.030	0.370	-0.149	-0.074	-0.047	-0.065	-0.016
B3	-0.009	-0.004	0.307	0.026	0.139	-0.103	-0.005	0.001
B4	0.059	-0.030	0.342	-0.036	0.132	0.009	-0.054	-0.010
B5	-0.017	-0.012	-0.111	-0.251	0.170	0.274	0.169	-0.089
B6	0.055	0.015	0.021	0.398	0.027	-0.104	-0.014	0.023
B7	-0.002	0.023	-0.115	0.247	0.094	0.089	0.123	-0.180
B8	-0.060	-0.022	0.105	0.022	0.487	0.005	-0.155	0.088
B9	0.070	0.051	-0.116	0.477	-0.015	0.033	-0.128	0.101
B10	-0.083	-0.009	-0.033	0.102	0.454	-0.029	-0.034	-0.008
B11	0.384	-0.029	0.085	0.145	-0.116	-0.020	-0.019	0.044
B12	0.335	-0.017	0.045	0.111	-0.049	0.006	-0.041	0.043
B13	0.289	-0.045	0.026	-0.037	-0.040	0.039	-0.028	-0.014
B14	0.284	-0.050	0.011	-0.065	-0.039	0.079	-0.017	-0.026
B15	-0.001	-0.061	0.027	-0.122	0.273	0.032	0.256	-0.109
B16	0.095	-0.026	-0.104	0.050	-0.047	0.485	0.057	0.076
B17	-0.029	0.039	0.028	-0.139	0.050	0.476	-0.067	-0.023
B18	-0.080	-0.044	-0.159	0.001	-0.011	0.055	0.561	0.013

续表

变量指标	主成分							
	C1	C2	C3	C4	C5	C6	C7	C8
B19	0.078	-0.048	0.078	-0.116	-0.083	-0.007	0.420	0.023
B20	-0.048	0.334	-0.049	0.015	0.001	0.056	-0.101	0.025
B21	-0.066	0.366	-0.042	0.032	-0.016	0.003	-0.080	-0.045
B22	-0.061	0.273	-0.023	0.120	-0.065	-0.171	0.156	-0.129
B23	0.018	0.281	0.047	0.000	-0.037	0.011	-0.057	0.005
B24	-0.012	-0.061	0.005	-0.005	0.078	0.094	-0.039	0.542
B25	0.025	-0.019	-0.079	0.092	-0.049	-0.025	0.043	0.523
B26	0.028	-0.049	0.011	0.129	0.052	0.277	0.045	-0.029

由表4-4的成分得分系数矩阵，可以写出主成分的表达式：

$$C1 = 0.384B11 + 0.335B12 + 0.289B13 + 0.284B14$$

$$C2 = 0.334B20 + 0.366B21 + 0.273B22 + 0.281B23$$

$$C3 = 0.287B1 + 0.370B2 + 0.307B3 + 0.342B4$$

$$C4 = -0.251B5 + 0.398B6 + 0.247B7 + 0.447B9$$

$$C5 = 0.487B8 + 0.454B10 + 0.273B15$$

$$C6 = 0.485B16 + 0.476B17 + 0.277B26$$

$$C7 = 0.561B18 + 0.420B19$$

$$C8 = 0.542B24 + 0.523B25$$

根据上述计算结果，以及对各个变量代表的意义进行分析，可以对主成分进行解释及命名。由此，可以将影响广西林业系统自然保护区外部管理因素的变量指标归结为以下八大类，具体见表4-5。

表4-5 广西林业系统自然保护区外部管理影响因素变量指标分类

成分	成分命名	变量指标
C1	自然保护区的宣传措施	B11 保护区管理部门经常在社区进行宣传教育
		B12 保护区域内禁止打猎、捕鱼、种植等资源管理措施宣传到位
		B13 保护区宣传教育后社区支持保护建设的力度增强
		B14 保护区宣传教育后村民参与保护的积极性增强

续表

成分	成分命名	变量指标
C2	社区共管开展程度	B20 保护区设立了社区共管机构
		B21 建立了社区共管制度
		B22 社区共管给社区居民提供多种工作岗位
		B23 您认可目前社区共管的做法
C3	社区对自然保护区的依赖程度	B1 当地家庭建房木材主要来自保护区
		B2 当地家庭燃料主要来自保护区
		B3 当地村民经常到保护区采挖果、草、药等资源
		B4 当地村民经常到保护区放牧
C4	自然保护区建立对社区经济发展的制约	B5 当地社区环境与资源保护做得很好
		B9 村民的生产生活对保护区造成了较大破坏
		B6 保护区被社区蚕食（范围缩小）
		B7 保护区资源保护与社区经济发展存在矛盾
C5	自然保护区建立的意义	B8 保护区建立对保护资源与环境具有重要意义
		B10 保护区的保护工作应由保护区与社区共同完成
		B15 保护区建立改善了社区生活环境
C6	自然保护区建立对社区居民生活的影响	B16 保护区区域内禁止种植、采摘、放牧等影响村民的生活
		B17 保护区阻碍了村民与外界的交流
		B26 保护区林权纠纷多
C7	补偿机制建设	B18 保护区有对社区居民补偿机制
		B19 保护区有完善的针对社区居民的奖惩机制
C8	边界划定	B24 保护区山林权属清楚
		B25 保护区边界情况清楚

三、广西林业系统自然保护区外部管理问题现状分析

通过对不同级别自然保护区周边社区居民的问卷调查发现，影响保护区管理的外部因素繁多，通过主成分因子分析，我们得出 8 个主成分，代表影响自然保护区管理的 8 个主要外部因素。它们分别是：自然保护区的宣传措施（C1）、社区共管开展程度（C2）、社区对自然保护区的依赖程度（C3）、自然保护区建立对社区经济发展的制约（C4）、

自然保护区建立的意义（C5）、自然保护区建立对社区居民生活的影响（C6）、补偿机制建设（C7）以及边界划定（C8）8个影响因素。

（一）自然保护区的宣传措施（C1）

主成分C1“自然保护区的宣传措施”是广西林业系统自然保护区外部管理因素之一。它包括“保护区管理部门经常在社区进行宣传教育”（B11）、“保护区域内禁止打猎、捕鱼、种植等资源管理措施宣传到位”（B12）、“保护区宣传教育后社区支持保护建设的力度增强”（B13）以及“保护区宣传教育后村民参与保护的积极性增强”（B14）4个方面，其影响程度具体见表4-6。

表4-6 自然保护区的宣传措施对保护区外部管理影响程度

影响因素	1	2	3	4	5	均值	标准差	排序
B11	14.8	7.8	15.7	16.6	45.1	3.69	1.470	3
B12	12.1	10.8	16.0	19.7	41.4	3.68	1.411	4
B13	4.5	7.1	21.4	26.9	40.0	3.91	1.139	1
B14	4.3	5.8	24.5	26.1	39.3	3.90	1.118	2

从表4-6我们可以看出B11、B12、B13、B14这四个影响因素的均值分别为3.69、3.68、3.91以及3.90，表明被调查者对这四个方面总体上持中立态度。其中，B11因素有22.6%的被调查者认为保护区并没有经常到保护区进行宣传教育，B12因素有22.9%的被调查者认为保护区的宣传教育并不到位，B13因素有11.6%的被调查者认为在保护区进行宣传教育后社区支持保护建设的力度并没有增强，B14因素有10.1%的被调查者认为在保护区进行宣传教育以后社区居民的积极性并没有增强。

在调查中我们发现，绝大部分保护区都有一定的宣传教育措施，比如在社区开展座谈会，在社区范围内贴标语、树标牌，在保护区内及边界设立相关警示牌等，但是在社区开展座谈会的机会较少，每年也就三次左右。而标语、标牌、警示牌等实物性宣传措施因为长期没有人维护，变得字迹模糊不清、标牌和警示牌残缺不全，没有起到很好的宣传教育作用。

（二）社区共管开展程度（C2）

主成分 C2“社区共管开展程度”是保护区内部管理影响因素之一。它包括“保护区设立了社区共管机构”（B20）、“建立了社区共管的制度”（B21）、“社区共管给社区居民提供多种工作岗位”（B22）以及“您认可目前社区共管的做法”（B23）等4个方面内容，其影响程度见表4－7。

表4－7 社区共管开展程度对保护区外部管理影响程度

影响因素	1	2	3	4	5	均值	标准差	排序
B20	47.7	7.9	20.8	5.6	18.1	2.39	1.548	3
B21	40.2	9.3	23.7	11.0	15.8	2.53	1.493	2
B22	42.9	10.2	27.6	10.5	8.8	2.32	1.350	4
B23	23.1	5.9	38.1	11.9	21.0	3.02	1.395	1

从表4－7我们可以看出B20、B21、B22这三个影响因素的均值分别为2.39、2.53和2.32，表明被调查者对这三个因素持否定态度，认为社区共管机构的设置、社区共管制度的建立都不到位，而且社区共管也没有给社区居民提供多种工作岗位。而影响因素B23的均值为3.02，表明被调查者对目前社区共管的做法持中立的态度。其中，有55.6%的被调查者认为目前保护区并没有设立社区共管机制，49.5%的被调查者认为保护区没有建立社区共管制度，53.1%的被调查者认为社区共管并没有给社区居民提供多种工作岗位，29.0%的被调查者并不认可目前保护区的社区共管工作。

社区共管是一种既兼顾自然保护区自然资源的保护，又兼顾保护区周边社区经济发展的一种保护区管理模式，它作为近年来自然保护区管理模式最主要的发展趋势之一，逐渐被国内的自然保护区所采用。但是，由于广西林业系统自然保护区采取社区共管管理模式时间较短，且工作推进力度不够，其成效并不明显。在调查中我们发现，很多自然保护区周边的社区居民对“社区共管”的概念并不是很清楚，且很多自

然保护区都没有切实开展社区共管的工作。而大部分自然保护区的社区共管采用的仅仅是社区共管的最初级形式，如社区居民参与巡山护林、森林防火的工作等。通过借助 GEF 等项目在广西自然保护区周边社区全面开展，社区共管理念得到一定推广，也开始被周边社区居民所认识和接受。开展社区共管是我区自然保护区可持续发展的重要途径之一。

（三）社区对自然保护区的依赖程度（C3）

主成分 C3“社区对自然保护区的依赖程度”也是自然保护区外部管理的影响因素之一，它包括“当地家庭建房木材主要来自保护区”（B1）、“当地家庭燃料主要来自保护区”（B2）、“当地村民经常到保护区采挖果、草、药等资源”（B3）、“当地村民经常到保护区放牧”（B4）4 个方面，其影响程度具体见表 4－8。

表 4－8　社区对自然保护区的依赖程度对保护区外部管理影响程度

影响因素	1	2	3	4	5	均值	标准差	排序
B1	65.7	14.9	7.5	6.1	5.8	1.71	1.190	3
B2	52.7	15.0	10.1	13.3	8.8	2.11	1.396	1
B3	66.6	14.1	9.3	6.4	3.7	1.66	1.111	4
B4	66.2	10.9	7.9	8.4	6.6	1.78	1.274	2

从表 4－8 我们可以看出 B1、B2、B3、B4 四个影响因素的均值分别为 1.71、2.11、1.66 和 1.78，表明被调查者对这四个影响因素总体上持否定态度，说明保护区周边社区居民建房、燃料用木材基本不来自保护区，社区居民也大都不会到保护区去采挖野果、草药等资源，也不会到保护区放牧。但是，仍然有 11.9% 的被调查者建房木材来自保护区，22.1% 的被调查者会从保护区获取薪材，10.1% 被调查者会到保护区采挖野果、草药等，15.0% 的被调查者会到保护区放牧。

随着社会经济的发展，近年来，保护区周边社区居民的燃料基本上已经被煤气、电等能源所替代了，木材作为薪材的情况已经比较少了，所以在这方面社区对保护区的依赖度也随着社会经济的发展在逐步减少。大部分社区居民也表示建房不会用到保护区内的木材，也不会到保护区内采摘、耕作和放牧，所以总体上来讲社区居民对保护区的依赖程度也在逐渐减轻。但是，仍然有部分被调查者对保护区资源的依赖度比较强，这对保护区长期资源保护会带来一定威胁。所以，为了保护区的可持续发展，应该大力发展社区经济，减轻社区对保护区资源的依赖程度，化解社区生产生活资源利用与保护区资源保护之间的矛盾。

（四）自然保护区建立对社区经济发展的制约（C4）

主成分 C4“自然保护区建立对社区经济发展的制约”也是自然保护区外部管理的影响因素之一，主要包括“当地社区环境与资源保护做得很好”（B5）、“村民的生产生活对保护区造成了较大破坏”（B9）、“保护区被社区蚕食（范围缩小）”（B6）以及“保护区资源保护与社区经济发展存在矛盾”（B7）4 个方面的内容，其影响程度具体见表 4－9。

表 4－9　自然保护区建立对社区发展的制约对保护区外部管理影响程度

影响因素	1	2	3	4	5	均值	标准差	排序
B5	6.3	6.9	19.6	28.3	39.0	3.87	1.188	1
B9	35.3	11.9	19.2	18.9	14.7	2.66	1.482	2
B6	51.8	19.7	17.3	7.5	3.5	1.91	1.143	3
B7	64.2	10.3	18.6	4.3	2.6	1.71	1.073	4

从表 4－9 我们可以得到影响因素 B5 的均值为 3.87，表明被调查者对这个影响因素总体上持中立态度，说明被调查者认为当地社会环境与资源保护做得比较好；影响因素 B9 的均值为 2.66，B6 和 B7 的均值分别为 1.91 和 1.71，表明被调查者对这三个因素都持否定的态度，说明村民的生活并没有对保护区造成破坏，保护区也没有被社区蚕食，以及被调查者也不认为保护区的资源保护与社区经济发展存在矛盾。但是，仍然有 13.2% 的被调查者认为当地社区环境与资源保护区做得不好，33.6% 的被调查者认为村民的生产生活对保护区造成了较大的破坏，11.0% 的被调查者认为保护区的范围在缩小，还有 6.9% 的被调查

者认为保护区资源保护与社区经济发展存在一定的矛盾。

大部分自然保护区的建立对其周边社区的社会、经济等各个方面的发展都具有一定的制约作用。作为自然保护区，应当在保护好自然资源的基础上鼓励和扶持社区发展生态种养、生态旅游等生态产业来发展社区经济，改善社区居民生产生活水平，以避免社区“贫困—盗取自然资源—生态环境的破坏—更贫困”的恶性循环的发生。作为保护区周边社区，应当在积极配合保护区进行资源保护的基础上，通过生态产业的发展来改变现状，以此来减轻自然保护区建立给社区发展带来的制约。

(五) 自然保护区建立的意义 (C5)

主成分 C5“自然保护区建立的意义”是自然保护区外部影响因素之一，它包括“保护区建立对保护资源与环境具有重要意义”（B8）、“保护区的保护工作应由保护区与社区共同完成”（B10）以及“保护区建立改善了社区生活环境”（B15）3 个方面内容，其具体影响程度见表 4 - 10。

表 4 - 10　自然保护区建立的意义对保护区外部管理影响程度

影响因素	1	2	3	4	5	均值	标准差	排序
B8	5.4	3.2	9.8	22.4	59.1	4.27	1.113	1
B10	6.7	5.8	21.9	23.9	41.7	3.88	1.207	2
B15	11.7	10.5	16.6	26.8	34.5	3.62	1.356	3

从表 4 - 10 我们得出影响因素 B8 的均值为 4.27，表明被调查者总体上对该影响因素持肯定的态度，绝大部分被调查者都认为自然保护区建立具有重要的意义。在调查中我们发现，大部分被调查者对保护区保护何种资源都基本了解。但是仍然有 8.6% 的被调查者对该影响因素持否定的态度，这表明仍有部分社区居民对保护区建立有抵触情绪，这不利于保护区的发展。而影响因素 B10 和 B15 的均值分别为 3.88 和 3.62，表明被调查者总体上对这两个影响因素持中立的态度。其中，有 12.5% 的被调查者认为保护区的工作不应该由保护区与社区共同完成，有 22.2% 的被调查者认为保护区的建立并没有改善社区的生活环境。

从1961年广西壮族自治区建立第一个自然保护区——花坪自然保护区以来，自然保护区建设事业已经在广西发展了近50年的时间。在这50年里，不管是普通人民大众还是保护区相关工作人员，对保护区的重要意义已经有了深刻的认识。同样地，作为与保护区息息相关的保护区周边社区居民也深刻地认识到了保护区的建立是具有重要意义的。虽然保护区的建立并没有给周边社区居民的生活状况带来改善，部分社区居民也不大愿意参与保护区的管理，但是他们仍然认为保护区的建立具有重要的意义。

（六）自然保护区建立对社区居民生活的影响（C6）

主成分C6"自然保护区建立对社区居民生活的影响"是自然保护区外部管理的影响因素之一，它包括"保护区区域内禁止种植、采摘、放牧等影响村民的生活"（B16）、"保护区阻碍了村民与外界的交流"（B17）、"保护区林权纠纷多"（B26）3个方面内容，其具体影响程度见表4－11。

表4－11 自然保护区建立对社区居民生活的影响对保护区外部管理影响程度

影响因素	1	2	3	4	5	均值	标准差	排序
B16	45.8	8.1	10.7	20.6	14.7	2.50	1.570	1
B17	70.9	12.1	7.3	4.5	5.1	1.61	1.125	2
B26	66.4	18.7	8.7	5.0	1.2	1.56	0.929	3

从表4－11我们可以看出影响因素B16、B17和B26的均值分别为2.50、1.61和1.56，表明总体上被调查者对这三个因素都持否定的态度，认为保护区内禁止种植、采摘和放牧对他们生活影响不大，保护区也没有阻碍他们与外界的交流，且在大部分保护区林权纠纷不多。但是，仍然有35.3%的被调查者认为保护区内禁止种植、采摘和放牧等影响了他们的生活，有9.6%的被调查者认为保护区对他们与外界的交流有一定的阻碍作用，有6.2%的被调查者认为保护区林权纠纷多。

保护区周边的社区居民世世代代都是依靠保护区内的自然资源来生存的，在保护区划定之前，他们可以随意开发和利用自然保护区内的资

源，但是保护区建立后，居民不仅被禁止到保护区内砍伐、种植、采摘、放牧，有的保护区还在建立时将居民的耕地、林地等划入保护区范围，使其失去了生活的来源，还有部分居住在保护区内部的居民不得不迁离他们一辈子生活的土地，这对居民的生产生活都具有很大的影响。部分保护区虽然采取生态补偿、在保护区外给居民建房等措施来减轻保护区对社区居民生活的影响，但是成效不大。其原因包括以下几个方面：首先，生态补偿的范围较窄且少，生态补偿只是针对村民生态公益林的补偿，每年每亩补偿4~5元，再加上划入生态公益林的有部分为集体林，所以分到每户村民手上的钱就很少，对改善村民的生活没有起到其应有的作用；其次，将居民迁出远离保护区，虽然房子有了，但是村民们赖以生存的土地没了，他们就失去了生活来源，再加上村民普遍教育程度较低，没有一技之长能养活自己及家庭。在十万大山自然保护区就存在居民被迁出远离自然保护区以后，因为没有可靠的生活来源又迁回原居住地，靠松树、八角等经济林为生。

（七）补偿机制建设（C7）

主成分 C7“补偿机制建设”是自然保护区外部管理的影响因素之一，它主要包括“保护区有对社区居民补偿机制”（B18）和“保护区有完善的针对社区居民的奖惩机制”（B19）2 个方面内容，其具体影响程度见表 4－12。

表 4－12　补偿机制建设对保护区外部管理影响程度

影响因素	1	2	3	4	5	均值	标准差	排序
B18	59.1	11.1	12.5	9.9	7.5	1.95	1.335	2
B19	48.5	12.1	15.1	14.5	9.8	2.25	1.429	1

从表 4－12 我们可以看出影响因素 B18 和 B19 的均值分别为 1.95 和 2.25，表明总体上被调查者对这两个影响因素持否定的态度，说明社区居民普遍认为保护区对社区居民没有补偿机制也没有针对社区居民的奖惩机制。超过 70% 的被调查者都认为保护区在补偿机制这个方面非常欠缺。

在我国自然保护区发展初期，自然保护区的建立都是政府相关部门在图纸上“画的圈”，在没有征得当地居民的意见、实地勘察也不精细的情况下划定的，没有考虑到当地居民的生活生产状况，很多保护区的划定都是“一刀切”地将很多原本社区居民的耕地、林地划入到了保护区内。失去了生活来源的社区居民自然就会与保护区在自身生存和资源保护区方面发生冲突，虽然大部分保护区依靠强制手段制止了社区居民对保护区资源的获取，但是依然具有很大的潜在威胁，如果不解决好这一矛盾，自然保护区的可持续发展就会受到阻碍。补偿机制不仅可以缓解社区居民因保护区建立而带来的一时的生存困难，长效的补偿机制还能使社区居民发掘出新的生产生活来源，更积极地投身保护区的保护工作，还可以保证自然保护区长期资源的有效保护，有利于保护区长期健康地发展。

（八）边界划定（C8）

主成分 C8“边界划定”是自然保护区外部管理影响因素之一，它主要包括“保护区山林权属清楚”（B24）和“保护区边界情况清楚”（B25）2 个方面内容，其具体影响程度见表 4 – 13。

表 4 – 13　边界划定对保护区外部管理影响程度

影响因素	1	2	3	4	5	均值	标准差	排序
B24	16. 2	14. 5	10. 3	36. 1	23. 0	3. 35	1. 397	2
B25	9. 8	18. 4	14. 6	37. 5	19. 7	3. 39	1. 261	1

从表 4 – 13 可以看出影响因素 B24 和 B25 的均值分别为 3. 35 和 3. 39，表明总体上被调查者对这两个因素持中立态度，说明大部分被调查者对保护区的山林权属和边界情况都比较清楚。但是，仍然有 30. 7% 的被调查者对保护区的山林权属不清楚，而有 28. 2% 的被调查者对保护区的边界情况不清楚。

广西林业系统自然保护区中的大部分在建立时，边界的划定缺少实地勘察，仅只是在图纸上的划定，没有落实到具体位置，这就造成保护区周边社区居民对保护区边界不清楚的情况发生。而且在划定的时候没有与当地实际情况相结合，发生了很多在没有与当地居民沟通就将居民的自留山、经济林、集体林等划入保护区范围的情况，使当地居民对保护区的山林权属也不大清楚。山林权属的不清楚会造成保护区与社区之间的矛盾，一方面保护区的目的是充分保护自然资源，另一方面社区居民的目的是获取资源来保证生活，两者之间存在很大的分歧和矛盾，不利于保护区的长期发展。为了减轻两者之间的矛盾，就应该在实地设立保护区的边界标识，并让社区居民充分了解，同时还应该对有山林权属争议的保护区与社区进行调解沟通，进一步明确保护区的山林权属以及边界范围。

第五章

广西林业系统不同级别自然保护区管理差异性分析

采用 SPSS17.0 软件对样本数据进行分析。采用单因素方差分析对前文中所总结出来的广西林业系统自然保护区内部及外部影响因素进行不同级别之间的对比分析，得出不同级别自然保护区之间的差异。其中，1 代表国家级自然保护区，2 代表自治区级自然保护区，3 代表县（市）级自然保护区。

一、不同级别自然保护区内部管理影响因素比较分析

对三个不同级别的自然保护区的四个内部影响因素（“自然保护区的管理能力和工作条件”（G1）、“自然保护区从业人员的生活条件”（G2）、“自然保护区从业人员的工作态度”（G3）和“自然保护区科研活动的开展”（G4））做单因素方差分析，分析结果见表 5－1。

表 5－1　自然保护区管理内部影响因素方差分析

		平方和	df	均方	F	显著性
G1	组间	1.171	2	0.585	0.328	0.721
	组内	221.469	124	1.786		
	总数	222.640	126			
G2	组间	8.347	2	4.173	3.625	0.030
	组内	142.763	124	1.151		
	总数	151.109	126			

续表

		平方和	df	均方	F	显著性
G3	组间	3. 806	2	1. 903	2. 677	0. 073
	组内	88. 125	124	0. 711		
	总数	91. 931	126			
G4	组间	16. 984	2	8. 492	3. 673	0. 028
	组内	284. 404	123	2. 312		
	总数	301. 387	125			

从表5－1数据可以看出，G2和G4的显著性值分别为0. 030和0. 028，小于显著水平0. 05，表明这两个影响因素在不同级别的自然保护区之间差异显著。而G1和G3的显著性值分别为0. 721和0. 073，大于显著水平0. 05，表明这两个影响因素在不同级别自然保护区之间差异不显著。

再对以上数据进行多重比较，其分析结果见表5－2。

表5－2　自然保护区管理内部影响因素的级别差异的多重比较

因变量	保护区级别（I）	保护区级别（J）	均值差（I－J）	标准误	显著性	95%置信区间	
						下限	上限
G1	1	2	0. 109383	0. 305645	0. 721	－0. 49557	0. 71434
		3	－0. 313395	0. 466315	0. 503	－1. 23636	0. 60957
	2	1	－0. 109383	0. 305645	0. 721	－0. 71434	0. 49557
		3	－0. 422778	0. 522367	0. 420	－1. 45669	0. 61113
	3	1	0. 313395	0. 466315	0. 503	－0. 60957	1. 23636
		2	0. 422778	0. 522367	0. 420	－0. 61113	1. 45669
G2	1	2	0. 009674	0. 245396	0. 969	－0. 47603	0. 49538
		3	－0. 996993*	0. 374395	0. 009	－1. 73803	－0. 25596
	2	1	－0. 009674	0. 245396	0. 969	－0. 49538	0. 47603
		3	－1. 006667*	0. 419398	0. 018	－1. 83677	－0. 17656
	3	1	0. 996993*	0. 374395	0. 009	0. 25596	1. 73803
		2	1. 006667*	0. 419398	0. 018	0. 17656	1. 83677

续表

因变量	保护区级别（I）	保护区级别（J）	均值差（I－J）	标准误	显著性	95%置信区间	
						下限	上限
G3	1	2	－0.298922	0.192802	0.124	－0.68053	0.08269
		3	－0.561589	0.294152	0.059	－1.14380	0.02062
	2	1	0.298922	0.192802	0.124	－0.08269	0.68053
		3	－0.262667	0.329510	0.427	－0.91486	0.38953
	3	1	0.561589	0.294152	0.059	－0.02062	1.14380
		2	0.262667	0.329510	0.427	－0.38953	0.91486
G4	1	2	－0.645445	0.348146	0.066	－1.33458	0.04369
		3	0.907430	0.530826	0.090	－0.14331	1.95817
	2	1	0.645445	0.348146	0.066	－0.04369	1.33458
		3	1.552875*	0.594354	0.010	0.37639	2.72936
	3	1	－0.907430	0.530826	0.090	－1.95817	0.14331
		2	－1.552875*	0.594354	0.010	－2.72936	－0.37639

从表5－2中可以看出，在广西林业系统自然保护区内部管理因素方面，三个级别的自然保护区之间存在以下异同：

1. 不同级别自然保护区内部管理的差异显著性因素比较

在影响因素“自然保护区从业人员的生活条件”（G2）方面，国家级与县（市）级自然保护区差异显著，自治区级与县（市）级自然保护区差异显著，而国家级与自治区级自然保护区差异不显著。国家级和自治区级自然保护区在从业人员生活条件方面与县（市）级自然保护区有显著差异。在调查中我们发现，绝大部分国家级和自治区级自然保护区的从业人员的生活条件都比较好，编制人员数量也比较多，从业人员的福利待遇也比其他级别的自然保护区好。而县（市）级自然保护区从业人员的生活条件比较简陋，有些县（市）级自然保护区连基本的办公场所、护林站房屋等基础设施都不齐全，员工大多为聘用员工或临时工，从业人员报酬较少，生活条件都比较艰苦。这是由于国家级自然保护区和自治区级自然保护区一般都是建设多年的自然保护区，有一定的物质基础，且有政府资金和相关项目投入的支持，经费来源比较稳

定，从业人员福利待遇自然就比较好。而绝大部分县（市）级自然保护区的经济来源都不稳定，除了基础设施不完善以外，从业人员的基本生活也难以保证，使从业人员的生活条件非常差，与国家级和自治区级的自然保护区形成明显差异。

而在影响因素“自然保护区科研活动的开展”（G4）方面，自治区级与县（市）级自然保护区呈现显著差异，而国家级与自治区级自然保护区之间、国家级与县（市）级自然保护区之间没有显著差异。由于经费缺乏，边界和土地、林木权属不清等原因，在广西林业系统已建的自然保护区中只有部分保护区开展了科学综合考察和完成了总体规划或功能区划。其中，国家级和自治区级自然保护区基本上都开展科学综合考察和完成总体规划或功能区划，而县（市）级自然保护区在这个方面就比较薄弱。但是根据调查结果显示，国家级与自治区级、国家级与县（市）级自然保护区之间差异不显著，可能是由于不同级别自然保护区从业人员的感知不同，由于不同级别自然保护区的社会、经济等实际情况不同，从业人员的生活工作条件也不同，对自然保护区科研活动的开展有不同的认识。总体上来讲，绝大部分自然保护区都有明确的功能分区，并能按功能分区开展活动。

2. 不同级别自然保护区内部管理的差异不显著性因素分析

在影响因素“自然保护区的管理能力和工作条件”（G1）和“自然保护区从业人员的工作态度”（G3）这两方面，三个级别的自然保护区之间都不存在显著的差异。

广西林业系统自然保护区管理比较落后，存在管理体制不顺、管理机构不健全、经费缺乏等多种问题，这就造成了被调查者对保护区管理能力和工作条件不满意，认为保护区在这方面比较欠缺。而林业系统的不同级别的自然保护区都是采用相同的管理方式方法存在很多问题，造成了不同级别的自然保护区从业人员对“自然保护区的管理能力和工作条件”这一因素有着相似的感知，都认为保护区的管理并不完善，工作条件也不尽如人意。而在从业人员对当前工作态度方面，各个级别的自然保护区从业人员的态度基本上都比较积极，虽然不同级别的自然保护区在生活条件上有所区别，但是由于不同的保护区所处的地理位置、社会环境、经济条件等不大相同，而其从业人员所处的生活环境也不同，对其工作的需求也不同，就造成了不同级别自然保护区的工作态度差异不大，总体表现为工作态度积极。

二、不同级别自然保护区外部管理影响因素比较分析

对三个不同级别的自然保护区的八个外部影响因素（“自然保护区的宣传措施”（C1）、“社区共管开展程度”（C2）、“社区对自然保护区的依赖程度”（C3）、“自然保护区建立对社区发展的制约”（C4）、“自然保护区建立的意义”（C5）、“自然保护区建立对社区居民生活的影响”（C6）、“补偿机制建设”（C7）和“边界划定”（C8））做单因素方差分析，分析结果见表5-3。

表5-3　自然保护区管理外部影响因素方差分析

		平方和	df	均方	F	显著性
C1	组间	88.308	2	44.154	19.209	0.000
	组内	1418.212	617	2.299		
	总数	1506.520	619			
C2	组间	51.045	2	25.522	7.158	0.001
	组内	2214.100	621	3.565		
	总数	2265.144	623			
C3	组间	7.390	2	3.695	2.811	0.061
	组内	816.206	621	1.314		
	总数	823.596	623			
C4	组间	27.803	2	13.902	12.400	0.000
	组内	696.213	621	1.121		
	总数	724.016	623			
C5	组间	50.401	2	25.201	20.340	0.000
	组内	768.167	620	1.239		
	总数	818.568	622			
C6	组间	26.742	2	13.371	8.476	0.000
	组内	966.983	613	1.577		
	总数	993.725	615			

续表

		平方和	df	均方	F	显著性
C7	组间	34.892	2	17.446	11.957	0.000
	组内	904.646	620	1.459		
	总数	939.539	622			
C8	组间	51.488	2	25.744	15.382	0.000
	组内	1037.631	620	1.674		
	总数	1089.119	622			

从表5－3中的数据可以看出，C1、C2、C4、C5、C6、C7、C8的显著性值均小于显著水平0.05，表明这七个影响因素在不同级别的自然保护区之间差异显著。而C3的显著性值为0.061，大于显著水平0.05，表明这个影响因素在不同级别自然保护区之间差异不显著。

再对以上数据进行多重比较，其分析结果见表5－4。

表5－4　自然保护区管理外部影响因素的级别差异的多重比较

因变量	保护区级别（I）	保护区级别（J）	均值差（I－J）	标准误	显著性	95%置信区间	
						下限	上限
C1	1	2	0.825532*	0.146696	0.000	0.53745	1.11362
		3	－0.181808	0.168520	0.281	－0.51275	0.14913
	2	1	－0.825532*	0.146696	0.000	－1.11362	－0.53745
		3	－1.007339*	0.193194	0.000	－1.38674	－0.62794
	3	1	0.181808	0.168520	0.281	－0.14913	0.51275
		2	1.007339*	0.193194	0.000	0.62794	1.38674
C2	1	2	0.6061121*	0.1824118	0.001	0.247893	0.964331
		3	0.5431141*	0.2096300	0.010	0.131444	0.954784
	2	1	－0.6061121*	0.1824118	0.001	－0.964331	－0.247893
		3	－0.0629980	0.2406123	0.794	－0.535510	0.409514
	3	1	－0.5431141*	0.2096300	0.010	－0.954784	－0.131444
		2	0.0629980	0.2406123	0.794	－0.409514	0.535510

续表

因变量	保护区级别（I）	保护区级别（J）	均值差（I－J）	标准误	显著性	95%置信区间	
						下限	上限
C3	1	2	0.07062	0.11075	0.524	－0.1469	0.2881
		3	0.30176*	0.12728	0.018	0.0518	0.5517
	2	1	－0.07062	0.11075	0.524	－0.2881	0.1469
		3	0.23114	0.14609	0.114	－0.0558	0.5180
	3	1	－0.30176*	0.12728	0.018	－0.5517	－0.0518
		2	－0.23114	0.14609	0.114	－0.5180	0.0558
C4	1	2	－0.098719	0.102288	0.335	－0.29959	0.10215
		3	0.526991*	0.117551	0.000	0.29615	0.75784
	2	1	0.098719	0.102288	0.335	－0.10215	0.29959
		3	0.625710*	0.134924	0.000	0.36075	0.89067
	3	1	－0.526991*	0.117551	0.000	－0.75784	－0.29615
		2	－0.625710*	0.134924	0.000	－0.89067	－0.36075
C5	1	2	0.19437	0.10778	0.072	－0.0173	0.4060
		3	－0.67542*	0.12358	0.000	－0.9181	－0.4327
	2	1	－0.19437	0.10778	0.072	－0.4060	0.0173
		3	－0.86979*	0.14203	0.000	－1.1487	－0.5909
	3	1	0.67542*	0.12358	0.000	0.4327	0.9181
		2	0.86979*	0.14203	0.000	0.5909	1.1487
C6	1	2	－0.04364	0.12138	0.719	－0.2820	0.1947
		3	0.55715*	0.14335	0.000	0.2756	0.8387
	2	1	0.04364	0.12138	0.719	－0.1947	0.2820
		3	0.60078*	0.16343	0.000	0.2798	0.9217
	3	1	－0.55715*	0.14335	0.000	－0.8387	－0.2756
		2	－0.60078*	0.16343	0.000	－0.9217	－0.2798
C7	1	2	－0.563992*	0.116968	0.000	－0.79369	－0.33429
		3	－0.057243	0.134105	0.670	－0.32060	0.20611
	2	1	0.563992*	0.116968	0.000	0.33429	0.79369
		3	0.506749*	0.154134	0.001	0.20406	0.80944
	3	1	0.057243	0.134105	0.670	－0.20611	0.32060
		2	－0.506749*	0.154134	0.001	－0.80944	－0.20406

续表

因变量	保护区级别（I）	保护区级别（J）	均值差（I-J）	标准误	显著性	95%置信区间	
						下限	上限
C8	1	2	-0.57132*	0.12503	0.000	-0.8168	-0.3258
		3	0.27071	0.14367	0.060	-0.0114	0.5528
	2	1	0.57132*	0.12503	0.000	0.3258	0.8168
		3	0.84203*	0.16485	0.000	0.5183	1.1658
	3	1	-0.27071	0.14367	0.060	-0.5528	0.0114
		2	-0.84203*	0.16485	0.000	-1.1658	-0.5183

从表5-4中可以看出，在广西林业系统自然保护区外部管理因素方面，三个级别的自然保护区之间存在以下异同：

（1）在影响因素“自然保护区的宣传措施”（C1）、“补偿机制建设”（C7）和“边界划定”（C8）三个方面，国家级与自治区级保护区、自治区级与县（市）级自然保护区之间差异显著，而国家级与县（市）级自然保护区之间差异不显著。由于国家级自然保护区属于林业系统重点建设的保护区，所以其相关宣传措施实施、补偿机制建立、边界划定等都比较系统和积极，所以与自治区级之间存在显著差异，而大部分县（市）级自然保护区属于新建的自然保护区，在近期内其宣传工作、补偿机制建设和山林权属划分等方面的工作开展较多，近期社区居民的了解也比较多，印象比较深刻，所以对这些方面的内容感知与国家级之间差异不显著，与自治区级之间差异显著。

（2）在影响因素“社区共管开展程度”（C2）方面，国家级与自治区级、国家级与县（市）级自然保护区之间差异显著，而自治区级与县（市）级自然保护区之间差异不显著。社区共管是近年来比较盛行的自然保护区管理模式之一，也是使自然保护区能长久持续发展的管理模式之一，国内也逐渐在不同的自然保护区推行这一管理模式。在广西林业系统自然保护区中，也开始逐步推行社区共管的管理模式，GEF项目在广西区内的实施很好地推动了这种模式在广西林业系统自然保护区中的发展。在调查中我们发现，在很多国家级自然保护区，比如大明

山国家级自然保护区、大瑶山国家级自然保护区等，都已经开展了GEF项目，社区居民对“社区共管”都有了一定的概念和理解，也都开始慢慢接受社区共管这种管理模式。而在其他自然保护区，特别是县（市）级自然保护区，由于没有经费和项目的支持，社区共管模式很难推行。因此，这就造成了国家级与自治区级，国家级与县（市）级自然保护区之间的显著差异。

（3）在影响因素“社区对自然保护区的依赖程度”（C3）方面，国家级与县（市）级自然保护区之间差异显著，而国家级与自治区级、自治区级与县（市）级自然保护区之间差异不显著。自然保护区周边社区在保护区建立前，都是依赖自然保护区生存的，他们在保护区内耕作、采摘果药、放牧、砍伐，而保护区建立以后，这些活动都不能在保护区内进行，就使其周边社区居民的生产生活来源成为解决保护区与其周边社区之间矛盾的最关键的因素之一。国家级自然保护区多为国家经费支持的自然保护区，在经济基础方面优于其他保护区，再加上有国际国内各类项目的支持，所以国家级自然保护区对其周边社区的扶持相对也比较多，其周边社区的生产生活也有了保护区的相应补助和支持，自然对保护区的依赖度就比较小。相对而言，自治区级和县（市）级自然保护区在经费、项目、政策等各个方面的支持相对较弱，为了解决其自身生存问题，自然对保护区的依赖度较大。

三、不同级别自然保护区管理影响因素的差异性

通过前两节分析，我们可以得到影响广西林业系统自然保护区的管理因素在不同级别之间有所不同，具体见表5-5。

表5-5 广西林业系统不同级别自然保护区管理影响因素差异

主成分	国家级VS自治区级	自治区级VS县（市）级	国家级VS县（市）级
G1			
G2		*	*
G3			

续表

主成分	国家级 VS 自治区级	自治区级 VS 县（市）级	国家级 VS 县（市）级
G4		*	
C1	*	*	
C2	*		*
C3			*
C4		*	*
C5		*	*
C6		*	*
C7	*	*	
C8	*	*	

注：“*”表示差异显著。

从表5-5中可以看出，国家级与自治区级自然保护区在影响因素C1“自然保护区的宣传措施”、C2“社区共管开展程度”、C7“补偿机制建设”和C8“边界划定”四个方面差异显著，自治区级与县（市）级自然保护区在影响因素G2“自然保护区从业人员的生活条件”、G4“自然保护区科研活动的开展”、C1“自然保护区的宣传措施”、C4“自然保护区建立对社区发展的制约”、C5“自然保护区建立的意义”、C6“自然保护区建立对社区居民生活的影响”、C7“补偿机制建设”和C8“边界划定”八个方面差异显著，国家级与县（市）级自然保护区在影响因素G2“自然保护区从业人员的生活条件”、C2“社区共管开展程度”、C3“社区对自然保护区的依赖程度”、C4“自然保护区建立对社区发展的制约”、C5“自然保护区建立的意义”和C6“自然保护区建立对社区居民生活的影响”六个方面差异显著。

在差异化战略的指导下，针对这些存在于广西林业系统不同级别自然保护区管理中的影响因素的差异来进行管理创新，使不同级别的自然保护区采取更适宜其自身发展的方式进行管理，使不同级别的自然保护区在其各自现状条件制约下能得到发展，达到可持续的目的。

第三篇

广西林业系统自然保护区管理问题实证研究

第六章

自然保护区从业人员工作认可度调查研究

按照规划，2010年广西的国家级自然保护区数量将达到13个，自治区级45个，全区林业自然保护区和自然保护小区总面积达到159万公顷，占全区国土面积6.7%；2020年国家级20个，自治区级55个，总面积达到186万公顷，占全区国土面积7.9%（伍荔霞，2007）。管理好现有的保护区，承担好即将建设保护区的建设和管理工作，需要全区自然保护区从业人员的努力。目前，林业系统自然保护区的从业人员工作状况如何，如何更好地发挥从业人员的主观能动性，为此课题组对从业人员的工作认可情况进行调查，以期更多的人士了解和支持自然保护区工作人员的工作。

一、文献回顾

对于林业系统自然保护区从业人员的研究非常缺乏，从中国期刊网全文数据库检索，没有直接对于保护区从业人员的相关研究。其他有关林业系统职工的研究也不多，最早见于：王波认为管理工作的核心和动力，分析了林业企业人力资源存在的问题及其原因，并提出了人力资源开发与管理的策略[44]。潘邦贵、康月兰对林业企业人力资源的现状和管理上存在的问题进行了分析和研究，并提出了相应的对策[45]。王玉芳等通过对黑龙江省国有林区人力资源情况调查，认为黑龙江省国有林区人力资源短缺，尤其是高素质的人才资源最为匮乏[3]。马玉超等认为加强林业人力资源管理与开发，对加快林业发展具有重要的现实意义，人力资源绩效管理是提高林业企业效益，改善管理的重要途径之一[4]。总之，有关林业系统自然保护区从业人员的现有相关研究不多，研究内容较为零星，分析以定性研究为主，定量研究明显缺乏。本研究以定量研究为主，将有利于弥补目前相关研究量不足的情况。

二、研究内容

本章主要研究自然保护区从业人员对工作的评价，鉴于保护区从业人员工作的特殊性，生活和工作难以分开，故选用“您愿意从事保护区工作”（指标1）、“您对目前的工作感到满意”（指标2）、“职工数量满足保护区工作需要”（指标3）、“职工素质满足保护区工作需要”（指标4）、“保护区管护经费充足”（指标5）、“保护区管护手段先进”（指标6）、“职工管理制度健全”（指标7）、“职工激励制度合理”（指标8）、“职工发展与培训机会较多”（指标9）、“职工生活方便”（指标10）、“职工娱乐丰富”（指标11）、“职工对外沟通和交流感到满意”（指标12）共12个指标，采用封闭式问卷调查，用李科特尺度测评被调查者对指标的认可情况，用1~5分别代表“完全不同意”、“不同意”、“中立”、“同意”、“完全同意”。

三、调查结果与分析

（一）受访者基本情况

本研究调查了受访者的性别、婚姻、年龄、受教育程度、林业工作时间、编制等个人相关情况，具体数据参见表6-1。调查结果显示：从性别来看，受访者以男性为主，所占比例高达86.3%；从婚姻角度看，以已婚人士为主，占93.0%；从年龄来看，年龄在35~44岁所占比例最大，达41.9%，年龄在20~34岁和45岁及以上两个年龄段所占比例相当，均在30%左右；从受教育程度看，初中及以下学历所占比例最高，几乎占一半；受访者从事林业工作的时间5年及以下者占37.6%，工作时间在6~15年及16年及以上所占比例相当；受访者中57.1%为在编职工，包括办公室人员、行政干部、林业公安人员等，非在编职工占42.9%，以聘请的护林人员为主。对正式在编从业人员进

一步分析，其年龄在 24 岁以下占 3.5%，25 ~ 34 岁占 21.1%，35 ~ 44 岁占 45.6%，45 岁以上 29.8%；其学历构成为：有初中及以下文化水平的占 31.6%，高中及中专占 40.4%，专科及以上文化水平占 29.1%。

数据显示受访者具有以下特征：一是以男性人员为主，主要是因为自然保护区的工作经常需要在野外进行，男性在职业上占有一定的优势，如要到金秀县的圣堂山自然保护区管理局所在的山头，需要下车步行 3 个多小时，职工们下山一趟很不容易，显然男性在体力方面更有优势。二是从业人员均有较长时间的林业系统工作经历，62.4% 的受访者在林业系统工作达 6 年以上，从侧面可以说明一旦从事了保护区的工作，很少有员工跳槽。三是从业人员普遍文化水平不高，具有大专及以上学历的人员较少。

表 6－1　受访者基本情况

项目	指标	百分比（%）	项目	指标	百分比（%）
性别	男	86.3	婚姻	已婚	93.0
	女	13.7		未婚	7.0
年龄	20 ~ 34 岁	30.1	受教育程度	初中及以下	49.0
	35 ~ 44 岁	41.9		高中及中专	31.4
	≥45 岁	28.0		大专及以上	19.6
林业工作时间	≤5 年	37.6	编制	在编职工	57.1
	6 ~ 15 年	31.8		非在编职工	42.9
	≥16 年	30.6			

（二）工作评价认可情况

自然保护区现有从业人员对保护区工作评价具体数据参见表 6－2。对指标 1 持“完全同意”的占 69.3%，持“同意”占 10.9%，两项之和为 80.2%，而持反对的比例仅为 8.9%，此项指标的平均值为 4.40，因此现有从业人员中绝大部分愿意从事保护区工作。指标 2 这项指标的平均值为 4.12，因此总的来看工作人员对目前的工作还是满意的。指标 3 和指标 4 的平均值分别为 2.71、3.36，可见目前保护区从业人员数量严重不足，保护区现有职工的素质亦需要进一步加强。指标5和指标6的平均值分别2.14、2.60，可见目前保护区普遍面临着保护经费不足，保护区管护手段落后的问题。指标7和指标8分别显示出目前保护区的管理制度、激励制度需要进一步的完善。指标9的相关数据显示，目前仅有1/4认为职工发展和培训的机会较多。指标10和指标11的平均值分别为2.88、2.15，可见目前保护区从业人员工作之余的生活不方便，娱乐活动更是非常少。指标12的平均值为3.07，可见保护区职工对外沟通和交流的条件也仅是一般。因此总的来看，保护区从业人员均热爱保护事业，愿意投身保护事业，但目前其生活和工作条件比较艰苦，保护区从业人员从数量到质量上看，均与保护事业的需要有较大的差距。

表6-2 自然保护区从业人员工作评价认可情况

项目	1（%）	2（%）	3（%）	4（%）	5（%）	平均值	标准差
指标1	1.0	7.9	10.9	10.9	69.3	4.40	1.030
指标2	1.0	5.0	23.8	21.8	48.5	4.12	1.003
指标3	13.9	34.7	25.7	17.8	7.9	2.71	1.152
指标4	6.9	16.8	30.7	24.8	20.8	3.36	1.188
指标5	33.7	30.7	25.7	7.9	2.0	2.14	1.040
指标6	16.8	37.6	22.8	13.9	8.9	2.60	1.184
指标7	9.9	17.8	29.7	22.8	19.8	3.25	1.244
指标8	20.8	15.8	39.6	11.9	11.9	2.78	1.246
指标9	27.7	22.8	24.8	14.9	9.9	2.56	1.307
指标10	15.8	20.8	35.6	14.9	12.9	2.88	1.227
指标11	36.6	25.7	27.7	5.9	4.0	2.15	1.108
指标12	10.9	22.8	28.7	23.8	13.9	3.07	1.210

（三）工作评价差异分析

就受访者的性别、婚姻、年龄、受教育程度、林业工作时间、编制6项指标，评价自然保护区从业人员对工作和生活看法的12个指标进行两独立样本t或一维方差分析。结果显示：广西林业系统自然保护区的职工对工作的评价没有因婚姻差异而存在显著差异；广西林业系统自然保护区职工对工作评价因性别、年龄、受教育程度、林业工作时间、编制5项指标差异而存在显著差异，具体数据参见表6-3。

表6-3 自然保护区从业人员工作评价差异

项目	林业工作评价指标	I	J	平均差(I-J)	P值
性别	指标1	男	女	0.631	0.039
年龄	指标4	45岁以上	20~34岁	0.764	0.016
	指标8	45岁以上	20~34岁	0.936	0.008
	指标9	45岁以上	20~34岁	0.828	0.019
受教育程度	指标4	初中及以下	大专及以上	0.740	0.018
	指标7	初中及以下	大专及以上	0.920	0.005
林业工作时间	指标4	5年以下	6~15年	0.595	0.046
	指标7	5年以下	6~15年	0.909	0.008
编制	指标9	非在编	在编	0.555	0.022
	指标10	非在编	在编	0.538	0.016

广西林业系统自然保护区从业人员工作评价的差异主要表现在：其一，男性比女性更愿意从事保护区的工作，这与现在从业人员性别结构严重失调的现实是一致的，这亦与保护区工作性质相关。其二，年龄偏大与年龄偏小的从业人员在员工素质认识、保护区的激励制度及保护区职工生活便利程度上的看法存在明显的差异，前者在上述三项指标的平均值均比后者大，即年龄偏大的从业人员对上述三项指标持更加积极的看法。其三，受教育程度高的从业人员与受教育程度低的从业人员相比，从事林业工作时间较长的从业人员与从事林业工作时间较短从业人员相比，前者均认为保护区从业人员素质较低，目前的管理制度存在诸多的不合理之处。其四，保护区的在编职工普遍认为目前的生活不方便，娱乐较少，而非在编人员对生活不便，娱乐较少的感触不深。因为非在编人员以保护区周边社区居民为主，在工作之余能经常与家人团聚，家庭生活可以削弱其对生活不便，娱乐较少的感知。而保护区位置偏远，在编职工在顾及家庭和工作时，常感生活不方便。

（四）工作评价指标的因子分析

对自然保护区从业人员工作评价的12个因素进行巴特利球度检验，Bartlett值为66，其对应的相伴概率值为0.000，小于显著性水平0.01，进行KMO检验，KMO值为0.786，适合做因子分析。以12个工作评价因素为变量进行因子分析，利用主成分分析方法，提取特征值得超过1的因子，采用方差极大法作因子旋转。结果显示3个公共因子可以描述原变量总方差的59.249%，具体情况参见表6－4。

表6－4　工作评价指标主成分分析因子旋转结果

公共因子	特征值	方差贡献率	累计方差贡献率
1	4.284	35.702	35.702
2	1.602	13.366	49.068
3	1.222	10.181	59.249

基于因子变量的最大载荷，公共因子尽量反映包含因子的内容对公共因子命名。第一个公共因子变量，包括“保护区管护经费充足”、“保护区管护手段先进”、“职工管理制度健全”、“职工激励制度合理”、“职工发展与培训机会较多”，五项指标基本反映了保护区从业人员的职业发展需要的环境情况，因此命名为“职业发展”。第二个公共因子变量，包括“保护区职工生活方便”、“保护区职工娱乐丰富”、“职工对外沟通和交流感到满意”，三项指标基本反映了保护区从业人员的生活需要，因此命名为“生活需要”。第三个公共因子包括“您对目前的工作感到满意”、“职工数量满足保护区工作需要”、“职工素质满足保护区工作需要”，四项指标基本反映了保护区对从业人员工作素质的要求，命名为“工作素质”，具体数据参见表6－5。

表6－5　工作评价因素因子分析的因子旋转结果

项目	1	2	3	4	5	6	7	8	11	9	10	12
1	－0.078	0.264	0.205	0.225	0.593	0.733	0.723	0.768	0.577	－0.028	0.334	0.224
2	0.017	0.125	0.271	0.461	0.347	0.364	－0.065	0.073	0.341	0.780	0.682	0.729
3	0.888	0.806	0.306	0.487	－0.097	0.011	0.339	0.135	0.361	0.220	－0.158	0.210

就受访者的性别、婚姻、年龄、受教育程度、林业工作时间、编制6项指标对评价自然保护区从业人员对工作和生活看法的3个公共因子进行两独立样本t检验或一维方差分析。结果显示仅“是否为在编职工”这一项对公共因子2的看法存在显著差异。在非在编职工与在编职工对公共因子2的平均值的差值为0.471，t检验的相伴概率值为0.019，在显著性水平0.05，通过检验，因此非在编职工没有明显感到生活需要方面的不便。

四、结论

当前广西林业系统自然保护区从业人员总体以男性为主，从业人员普遍热爱保护事业，绝大多数从业人员愿意到保护区工作，并对当前的工作状态总体比较满意。广西林业系统自然保护区从业人员多有较长的工作经历，人员的稳定性相对也比较高。从调研分析反映出一些问题，主要体现在从业人员普遍文化水平不高，保护区从业人员总体呈现严重不足的状态，保护区现有职工的素质亦需要进一步加强，保护区管护经费不足，多数从业人员认为保护区的管理制度、激励制度需要进一步的完善。保护区从业人员工作之余的生活不方便，娱乐活动不多。目前，其生活和工作条件比较艰苦，工作环境相对较差，职业发展机会较少。总之，广西林业系统自然保护区从业人员无论从数量还是从质量上看，均与保护事业实际需要有较大的差距。

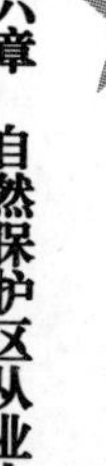

第七章

广西自然保护区与周边社区相关政策调查研究

一、对自然保护区与周边社区相关政策的评估

我国政府历来十分重视自然保护，自 1956 年以来先后制定了一系列自然保护的法律、法规和政策，目前与自然保护区和自然资源管理相关的法律条例已有 27 项[46]，初步形成了以宪法为依据、以环境基本法为基础、以单项专门法为主干、以地方性法规相配套、以国家条约为补充的自然资源保护法律体系的基本框架。在自然保护政策方面，我国先后制定了《关于加强自然保护区工作的通知》、《关于进一步加强自然保护区建设和管理工作的通知》等 17 项[47]自然保护和环境保护政策。与此同时，广西也制定了有关自然保护的地方性法规和政策，如《广西壮族自治区森林和野生动物类型自然保护区管理条例》、《自治区党委、自治区人民政府关于实现林业跨越式发展的决定》等。此外，广西各地自然保护区也制定了相关的自然保护区规章和办法。上述法律法规和政策实施以来，对广西自然保护区的健康发展发挥了应有的作用。

在充分肯定自然保护区建设成就的同时，我们应该看到，广西各种自然保护区自建立以来，各地自然保护区与周边社区的矛盾、纠纷此起彼伏，产生了诸多不和谐的现象，影响了自然保护区和周边社区的正常关系。造成保护区与周边社区关系不和谐的原因，主要是自然保护的法律法规和政策还存在一些问题，有的问题还比较尖锐。

（一）自然保护区条例对保护区的界定有待进一步完善

调查发现，现行自然保护区政策与保护区范围的界定互相对立。《中华人民共和国自然保护区条例》和《广西壮族自治区森林和野生动物类型自然保护区管理条例》对自然保护区范围和区域界定过于原则、抽象，使地方在实施这些条例中难以把握，从而造成一些自然保护区在划定保护区范围时随意性较大，划定的自然保护区的范围普遍过大，影响当地社区居民生产发展和生活安排，导致与周边社区矛盾突出。如国家环境保护局、国家技术监督局《自然保护区类型与级别划分原则》（1993 年 7 月 19 日发布实施）对国家级自然生态系统类自然保护区核心区面积界定为 1000 公顷以上，而对缓冲区、实验区没有界定多少面积，从而使实施者难以在规划中掌握。而省级自然保护区根本没有界定多少面积，更无法掌握和控制，因而造成人为地扩大自然保护区面积。因此，自然保护区条例需要进一步完善、具体，并具有可操作性。

（二）自然保护区政策要尊重当地各民族的生存发展权利

广西各地的自然保护区，原是广西壮、汉、瑶、苗、侗、毛南、仫佬、彝、仡佬、京等各族人民世代生产生活的家园，他们对林业资源的依赖性很强，世代“靠山吃山”、“靠水吃水”。在所调查的自然保护区中，90% 的群众生活燃料来源保护区，部分自然保护区周边社区群众 30% ~60% 的收入来源于自然保护区，金秀、武鸣等 10 多个县 30 多个乡镇的财政收入主要来源于自然保护区。而现行的自然保护区政策性法规使保护区内各族居民难以生存、发展。

（1）法规严禁在自然保护区内进行物质性生产，使世代依赖自然保护区内自然资源谋生的部分居民失去生活来源。《中华人民共和国自然保护区条例》第二十六条规定：“禁止在自然保护区内进行砍伐、放牧、狩猎、捕捞、采药、开垦、烧荒、开矿、采石、捞沙等活动；但是，法律、行政法规另有规定的除外。”按照这一规定，自然保护区内的所有矿山均不能开采，从而造成当地资源开发、经济发展受影响。如资源县两水苗族乡地处猫儿山国家级自然保护区，虽有丰富的矿藏，但因保护区条例规定严禁采矿，因而不能开采，而不属于保护区的乡则可以开采，造成地方财政收入不均，拉大了贫富差距。因此，这些地方强

烈要求政府应给予一定补偿。位于大明山国家级自然保护区的武鸣县两江镇，多年来通过开发保护区内的铜矿、钨矿，开辟地方财源，仅铜矿每年创造1亿元产值，为地方提供财政收入1000万元。如严格按保护条例执行，这两个矿将封闭，对地方财政收入和就业将产生很大影响。资源县两水苗族乡塘垌村在保护区内有5片牧场，约6000亩，全部划归自然保护区后，当地汉瑶族村民失去了牧场，养牛由过去的800多头下降到400多头，减少一半。当地村民对此很有意见，强烈要求由保护区购买手扶拖拉机给农民代替耕牛耕地。

（2）禁止在自然保护区的相关区域开展旅游和生产经营活动，使当地居民发展生产的空间受到限制。《中华人民共和国自然保护区条例》第二十八条规定："禁止在自然保护区的缓冲区开展旅游和生产经营活动。"这些规定，在一定程度上影响了自然保护区内及其周边社区群众的生产生活。虽然《广西壮族自治区森林和野生动物类型自然保护区管理条例》对此作了稍微宽松的规定，如该条例第十七条规定："自然保护区内的居民，应当遵守自然保护区的有关规定，固定生产、生活活动范围，在不破坏自然资源的前提下，从事种植、养殖业，也可以承包自然保护区组织的劳动或者管护任务，以增加经济收入，并协助自然保护区管理机构做好自然资源的保护工作。"但仍然对自然保护区内及周边群众生产生活有一定的约束。因此，在政策制定和立法方面顾及自然保护区内及周边各族群众的生产生活，不能让他们丧失谋生的门路。

（3）林农粮食补贴问题没有与时俱进。如花坪自然保护区，按政府规定，村民口粮不足400市斤大米的，不足部分由国家补足，原来发粮本，按每斤0.139元由自治区财政补助，后改为直接发钱，至今粮价大米升至1.4元/市斤，仍按0.139元/市斤补助，显然不合理，实际上是没有兑现补贴政策。

（三）自然保护区政策法规与其他法规的关系

《中华人民共和国宪法》第五条规定："中华人民共和国实行依法治国，建设社会主义法治国家。国家维护社会主义法制的统一和尊严。一切法律、行政法规和地方性法规都不得同宪法相抵触。"宪法制定所针对的范围一般比较笼统宽泛，没有地方性法规的具体明细化以及针对

性。研究发现，有些现行的自然保护区政策法规与宪法和民族区域自治法有相互补充的关系。表现在：

（1）自然保护区政策法规与宪法。《中华人民共和国宪法》第八条规定："参加农村集体经济组织的劳动者，有权在法律规定的范围内经营自留地、自留山、家庭副业和饲养自留畜……国家保护城乡集体经济组织的合法的权利和利益，鼓励、指导和帮助集体经济的发展。"第十二条规定："社会主义的公共财产神圣不可侵犯。国家保护社会主义的公共财产。禁止任何组织或者个人用任何手段侵占或者破坏国家的和集体的财产。"第十三条规定："公民的合法的私有财产不受侵犯。国家依照法律规定保护公民的私有财产权和继承权。"《宪法》第十七条又规定："集体经济组织在遵守有关法律的前提下，有独立进行经济活动的自主权。"由此可见，宪法明确规定：农民有权经营自留山，国家保护集体经济合法权利和利益，并允许集体经济组织有独立进行经济活动的自主权。但是在实际情况中，要根据特殊情况通过其他相关法规对宪法进行补充。《中华人民共和国森林法》第三十一条第三款规定："特种用途林中的名胜古迹和革命纪念地的林木、自然保护区的森林，严禁采伐。"《中华人民共和国自然保护区条例》第二十六条规定："禁止在自然保护区内进行砍伐、放牧、狩猎、捕捞、采药、开垦、烧荒、开矿、采石、捞沙等活动。"显然，不管是集体林木，还是农民个人自留山的林木，一旦划入自然保护区后，就不能砍伐。因此，尽管宪法中规定，集体的土地、森林或个人承包的森林，集体经济组织和农民个人都有砍伐林木的权利，这是宪法赋予集体经济组织和公民的权利。但是在特殊对象出现时，就需要其他相关法规来进行补充。因此在森林法和自然保护区条例中规定，凡是划入保护区的森林，不管是国有和集体或是私人，不管是珍贵林木，还是一般杉木、杂木、竹子、均严禁砍伐。在调查中了解到，有些集体组织或个人试图适度砍伐自然保护区内的集体森林和个人承包的林木，由此而受到自然保护区管理部门的禁止，从而造成矛盾和纠纷的出现。

（2）自然保护区政策法规与民族区域自治法的关系。《中华人民共和国民族区域自治法》第六十五条规定："国家在民族自治地方开发资

源、进行建设的时候，应当照顾民族自治地方的利益，作出有利于民族自治地方经济建设的安排，照顾当地少数民族的生产和生活。国家采取措施，对输出自然资源的民族自治地方给予一定的利益补偿。”在第六十六条中规定：“上级国家机关应当把民族自治地方的重大生态平衡、环境保护的综合治理工程项目纳入国民经济和社会发展计划，统一部署。民族自治地方为国家的生态平衡、环境保护作出贡献的，国家给予一定的利益补偿。”国务院实施《〈中华人民共和国民族区域自治法〉若干规定》第八条规定：“国家加快建立生态补偿机制，根据开发者付费、受益者补偿、破坏者赔偿的原则，从国家、区域、产业三个层面，通过财政转移支付、项目支持等措施，对在野生动植物保护和自然保护区建设等生态环境保护方面作出贡献的民族自治地方，给予合理补偿。”显然，国家在民族地区建设自然保护区，是一种公益事业，民族地区为这一公益事业作出贡献的，应该得到合理的补偿。但是，在具体的实施过程中，由于种种因素的存在，使得相关政策法规没有得到有效的实施，也就造成一些纠纷和矛盾的出现。比如在我国的自然保护区政策法规中因为没有对生态环境保护方面作出补偿的具体规定条文，反而还对民族自治地方内的自然保护区设置各种约束性规定，禁止砍伐、放牧、狩猎、捕捞、采药、开垦、烧荒、开矿、采石、捞沙等活动，使少数民族群众生产生活受到影响，这就势必对当地居民的发展造成严重的影响。尽管《中华人民共和国森林法》第九条也规定：“国家和省、自治区人民政府，对民族自治地方的林业生产建设，依照国家对民族自治地方自治权的规定，在森林开发、木材分配和林业基金使用方面，给予比一般地区更多的自主权和经济利益。”但是，在实施过程中，也没有实质性的具体的政策可操作。因而，在保证国家、人民共同利益的同时，也要加快完善相关的经济补贴政策，切实在自然保护区的正常实施下降低此项政策对当地居民生产生活的影响。

二、对制定自然保护区政策的理论思考

（一）关于自然保护区政策法规与其他法律关系的思考

宪法是我国的根本大法，是其他一切法律的基础。宪法规定了国家

的根本制度、根本任务，规定了基本政治制度、基本经济制度、基本文化制度，规定了公民的基本权利和义务等。在法律效力上，宪法的法律效力是最高的，其他法律与宪法相抵触，其内容一律无效。宪法是我国的大法，其他法律必须服从于大法。《中华人民共和国宪法》第五条规定："中华人民共和国实行依法治国，建设社会主义法治国家。国家维护社会主义法制的统一和尊严。一切法律、行政法规和地方性法规都不得同宪法相抵触。"确立"不得与宪法相抵触"原则具有重要的实践意义：一是宪法是大法，作为一国的大法需要长期稳定，因而在日新月异的社会变革中，不需要宪法朝定夕改，而普通法律则可根据社会发展的需要不断地进行修订；二是宪法是根本大法，是制定一切法律的基础，普通法律不能与宪法（其精神和具体条款所确定的内容）不一致，这体现了宪法对普通法律的规制作用，体现着宪法的最高法律地位和具有最高法律效力。因此，必须将"不得与宪法相抵触"作为解决宪法与普通法律法规之间关系的基本原则。根据这一基本原则，国家和地方有关自然保护区政策法规的条文都不得与宪法相抵触，但可以根据宪法的精神与时俱进地对已经存在的符合大多数人民群众利益的事实赋予合法性，即根据宪法的精神以及现实问题对自然保护区政策法规进行修订，使之更加完善、更加有利于构建自然保护区与周边社区的和谐发展。

（二）关于自然保护区管理政策如何兼顾人民生活与生态保护的思考

自然保护区是指为保护自然环境和自然资源，保护有代表性的自然景观和生态系统而划出的一定地域范围。建立自然保护区是人类面临生物多样性丧失这一全球性严重生态危机而产生的有效措施。然而，自然保护区并不是纯粹的自然空间，保护区周边有大量的社区居民存在，他们和自然保护区的和谐共存是自然保护区能够长期存在的关键。我国一直比较重视对自然保护区的强制性保护，这种自上而下强制性的资源管理方式在一定程度上制约了自然保护区内社区居民对资源的利用，使当地居民失去了管理和使用资源的权利，从而失去或减少了发展的机会，这样进一步使原本就很落后的社区发展又受到了严重的影响。因此，如何处理保护区内及周边社区居民生产发展与保护区的关系，是需要加大

力度来解决的问题，因为自然保护区的可持续发展离不开周边社区居民的理解、支持与配合，但是相关经济利益的冲突问题往往会导致矛盾与纠纷的出现。

自然保护区的建立，在给当地农民采伐利用森林资源带来诸多限制时，往往没有给予相应的补偿机制和替代产业发展政策。目前，在大多数自然保护区的政策法规中，较大地限制了当地社区居民群众生存空间和生产资料。调查材料表明，建立自然保护区在一定程度上削弱了社区各族居民的生产发展空间，使他们或多或少地失去了赖以生存的物质条件，经济发展受到了制约，导致许多保护区居民收入降低。因此，对于祖祖辈辈生活在自然保护区周边的社区居民来说他们已经习惯于“靠山吃山，靠水吃水”的这种生活方式，同时居民对自然资源及环境保护的重要性认识不足，为了维持正常的生产生计活动，生活在林缘社区的居民还是继续向保护区来索取，他们把在保护区采药和采集其他林副产品作为经济收入的主要来源，有的进入保护区放牧、狩猎、砍伐薪材等，居民这种不得已的行为进一步破坏了自然保护区的生物多样性，同时还违反了相关的保护区管理条例，部分严重的还要受到处罚，从而加剧了自然资源保护与社区发展的矛盾性。

鉴于此，当务之急应该建立一种兼顾社区居民生活与自然保护区协调发展的政策机制。比如现行的自然资源保护以及野生动物保护法规定的行政补偿制度过于原则，不便于实施，以至于在遇到具体问题时不能合理地解决。为此，必须在自然保护及补偿的各项立法上予以适当的具体化，应对补偿的条件、对象、程序、方式、基本标准以及补偿纠纷的处理等结合实际做出相应的规定，而且要明确省、市、县、乡各级政府在补偿中的职能与责任。同时，要按照规定给予及时补偿，要完善相关补偿的监督法律制度，不管是政府还是非政府机构的补偿基金要监督落实到位，减少不必要的环节和费用，确保自然保护区内社区居民生产生活能够得到健康稳定的发展。

（三）关于自然保护区政策与森林生态效益关系的思考

森林不仅能为人类提供木材和其他林业产品，具有经济效益，更重要的是具有巨大的生态效益。森林的生态效益包括涵养水源、保持水土、调节气候、防风固沙、净化大气、产生氧气、保持生物多样性、保健游憩等多个方面。这些生态效益的大小，是评价森林资源价值的重要指标。据苏联20世纪70年代的研究资料，每公顷森林平均每年释放氧气10.7吨，吸收二氧化碳13吨，从大气中吸收尘埃35吨，并且能分泌大量抗生素，使林内空气的含菌量大大低于无林地。按当时的价格计算，每公顷森林每年产生的生态效益可折合1604卢布，生态效益的经济评价值可占森林总效益的3/4，而木材产值仅占1/4。日本对森林涵养水源的生态效益也做出了经济评价。据估算，全日本森林涵养水源量为2.3×1012吨，按建水库的费用来折算，得出森林在涵养水源方面使社会受益的经济价值为16100亿日元。1978年，日本全国森林生态效益的经济评价值为231300亿日元，超过全年国家总预算的金额。日本的研究人员认为森林的生态效益经济评价值占森林总效益的96%，而木材产值仅占4%。芬兰森林的生态效益经济评价值为530亿马克，木材产值为170亿马克，分别占森林总效益的76%和24%。美国的研究结果表明，森林生态效益经济评价值和木材产值分别占森林总效益的90%和10%。我国有关森林效益的调查和测算表明，云南森林的生态效益经济评价值占森林总效益的93%，而木材产值仅占7%。有学者对广西公益林的生态效益进行价值评价，认为广西562.87万hm^2公益林（森林和灌木）的主要生态效益价值为137.39亿元/公顷，其中，涵养水源效益价值69.25亿元/公顷，保育土壤效益价值15.72亿元/公顷，固碳制氧效益价值46.53亿元/公顷，净化环境效益价值4.81亿元/公顷，森林游憩价值1.08亿元/公顷。公益林生态效益价值是其经济价值12.15亿元的11.3倍，生态价值远大于经济价值[48]。这些研究结果说明，森林资源的主要价值在于其巨大的生态效益，其次才是提供木材等具有直接经济效益的产品。生态效益和经济效益并不是对立的，生态效益从长期和全局影响来看也必然会转化为经济效益，问题是这种生态效益尚未在经济部门的核算中体现出来，未能在市场上表现为价值的形态，因此人们对此没有很好地了解与认识。

占国土面积约12%的全国1551个自然保护区，在保护生态环境、促进森林生态效益持续发展中发挥了巨大作用，是一项功在当代、利在

千秋的战略举措，是我国一大财富。然而，人们虽然承认各类自然保护区特别是林业类的自然保护区森林产生了巨大的生态效益，《民族区域自治法》也规定对“在野生动植物保护和自然保护区建设等生态环境保护方面作出贡献的民族自治地方，给予合理补偿”，但时至今日，国家对自然保护区生态公益林的补偿刚刚启动，补偿的面积还很少，而且补偿标准太低，不能满足于对森林的保护。以广西为例，到 2006 年，广西森林生态效益补偿基金制度正式启动后，累计纳入国家级和自治区级森林生态效益补偿范围的重点公益林面积将达 4760.45 万亩，仅占广西公益林面积 8443.05 万亩的 56.38%。而且补偿标准很低，仅为 5 元/亩，其中 4.5 元为补偿性支出，0.5 元为公共管护支出。获得补偿的自然保护区内及周边社区集体和农民个人占少数，大部分为国家自然保护区管理部门或林业部门所得。据专家测算，目前生态公益林每年每亩补偿费应达 42 元左右，才能基本满足生态公益林的保护所需，而目前国家只能补偿每亩 5 元，仅相当于割一棵松脂的年收入。

生态公益林补偿问题向自然保护区相关立法提出一个问题：吹糠见米的森林经济效益已被自然保护区政策法律明令禁止不准砍伐而泯灭，巨大的森林生态效益虽逐渐被人们认识并得到法律的认可，但因国家财力有限、补偿标准太低、补偿技术测算过于复杂而不足于保护生态。如何解决这一重大政策问题，将是人们面临的重大课题。因此，自然保护区立法及政策的制定必须考虑如何处理保护与开发、经济效益和生态效益的关系问题。

（四）关于如何调动当地居民保护自然生态积极性的思考

自然保护区地域宽广，保护区内及周边社区生活着数十万计的居民，他们有的是林场职工或保护区职工，有的是科研单位，更多的是农村居民，他们是自然保护区建设者和保护者，但由于生存和发展的需要，他们当中部分人也不同程度地对自然保护区造成一定的破坏与影响。自然保护区的建设，不仅需要保护区员工的高度负责和严格执法，更重要的是如何调动周边社区居民保护森林生态的积极性，这是关系到自然保护区能否健康发展的关键。

处理好护林与富民的关系是自然保护区立法首先要关注的重要问

题。护林是为了兴林，兴林是为了富民强国，富民才能更好地护林，护林与富民是互相促进的辩证关系。只有充分调动人民群众的积极性，才能为自然保护区的发展注入活力；只有社区人民群众生活富裕了，才能为保护自然提供物质保障，推动自然保护区事业更好地发展。因此，我们在自然保护区立法中，要树立护林是为了富民、富民才能更好地护林的理念，将自然保护区建设与社区农民致富紧密结合起来，把护林富民作为自然保护区工作的根本宗旨和目的，始终不渝地坚持做到在护林中富民、在富民中护林。为了最大限度地调动自然保护区社区群众护林的积极性，除了提高生态公益林的补偿标准外，还要通过广开生产门路，让群众参与开发社区旅游、营造公益林、依法合理开发小水电站和发展其他生态型加工业，帮助社区群众增加非林业收入，解决好国家要“被子”（植被）和农民要“票子”的矛盾，使社区农民从保护资源、发展林业产业中获得好处，调动他们保护资源的积极性。此外，还可以实施共建共管机制，由自然保护区参与社区道路、饮水、电力、电话、广播电视甚至生活小区的建设，改善社区居民的居住和生活环境，缩小保护区与周边社区间的差距。在共管方面，让社区居民共同开展森林防火救灾、共同管护森林（国有林区由社区农民承包管护）、共建社区文化等，以增强社区居民的参与性，提高自然保护区的管护能力。

第八章

广西林业系统自然保护区周边社区宣教情况调查研究

发展中国家的保护区及其周边地区，以家庭为单位的社会经济组织与自然保护区有着广泛而密切的社会经济联系。国家林业局调查表明，中国目前还有上千万的贫困人口生活在保护区及其周边地区，他们十分依赖对自然资源的直接开发。保护区的划定在一定程度上限制了当地居民的活动范围和经营方式，影响了他们的生产生活，社区居民对自然保护区在思想上和行动上有抵触情绪和行为。目前自然保护区的理念、管理系统很难有效处理保护与发展的矛盾。加强对保护区周边社区的宣传教育工作，让社区群众逐步懂得建设保护区的意义以及与他们的切身利益关系，把保护自然资源和自然环境逐步变成广大群众的自觉行动，为保护区工作营造良好的社会环境，形成保护区从业人员和社区居民共同保护的良好氛围，对促进保护区可持续发展意义深远。

一、文献回顾

从20世纪70年代起，许多研究者和国际组织致力于如何协调自然保护区与周边社区居民之间的关系。王芳探讨了自然保护区社区共管中存在的冲突并提出了解决冲突的对策。张宏探讨了自然保护区社区共管对我国发展生态旅游的启示。秦静分析了白水江国家级自然保护区林缘社区森林依赖度。王娟在研究澜沧江自然保护区周边社区林业现状后提出了相应的发展对策。在保护区的宣传教育方面，赵文超指出我国自然保护区的环境教育中存在的问题，并提出了环境教育措施。刘水良提出加强保护区的宣传工作，提高旅游者的生态意识以协调保护区的发展与保护存在的问题。蒋明康指出我国自然保护区通过布告、宣传标语对保护区周边的村寨进行宣传教育，可以提高保护区附近居民热爱自然保护区、参与自然保护区建设和管理的自觉性。

处理好自然保护区与社区的关系，宣传教育是作为舆论的重要形式，具有引导、激励、鼓舞、监督、反馈作用，宣传教育工作的好坏，直接关系到自然保护事业的成败。目前保护区与周边社区关系、保护区的宣传教育方面的研究分析方法仍以总体描述和个案研究为主，现有研究的数据来源不广，基于变量的统计学技巧的应用非常少见。本书基于广西林业系统自然保护区的大规模实践调查，利用统计学相关知识分析保护区宣传教育的总体情况，并从保护区的角度和社区居民的角度研究了影响宣传教育效果的因素，将在一定程度上弥补国内自然保护区与社区关系研究在宣传教育方面的空白。

二、研究内容

本项研究内容涉及自然保护区从业人员、社区居民对保护区开展的宣传教育的认知情况，从5个指标进行考察，“保护区管理部门经常在社区进行宣传教育”（指标1）、“保护区内禁止打猎、盗伐等资源管理措施宣传到位”（指标2）、“保护区进行宣传教育后社区居民支持保护建设的力度增强”（指标3）、“保护区进行宣传教育后社区居民参与保护的积极性增强”（指标4）、“保护区宣传教育工作应该从小孩抓起”（指标5），问卷采用封闭式问卷调查，采用李科特尺度测评被调查者对表述的认可情况，用1~5分别代表“完全不同意”、“不同意”、“中立”、“同意”、“完全同意”。实地调查采取现场座谈与问卷调查相结合的方法，提高了问卷的调查质量。

三、调查结果与分析

（一）受访社区居民基本情况

本研究调查了受访者的性别、婚姻状况、年龄、受教育程度、家庭经济水平、家庭主要经济来源等个人相关情况。结果显示，受访者男性居多，占69.3%，以已婚人士为主，占82.9%，年龄段在24~35岁、35~44岁、45~60岁所占比例基本相当，受教育程度以小学和初中所占比例大。受访者的家庭经济水平以中等水平所占比例最大，中等以下与中等以上水平所占比例相当，家庭主要经济来源仅靠种田种地的占45.2%，其他数据详见表8-1。总的来看，自然保护区周边社区居民的文化素质普遍偏低。

表8-1　受访社区居民基本情况

项目	指标	百分比（%）	项目	指标	百分比（%）
性别	男	69.3	年龄	15~24岁	16.9
	女	30.7		24~34岁	22.7
婚姻	已婚	82.9		35~44岁	24.1
	未婚	17.1		45~60岁	25.8
主要经济来源	仅靠种田种地	45.2		61岁及以上	10.5
	有其他经济来源	54.8	家庭经济水平	下等	3.3
受教育程度	文盲	8.5		中下	21.1
	小学	38.5		中等	52.9
	初中	40.5		中上	20.0
	初中以上	12.5		上等	2.7

（二）保护区从业人员、社区居民对宣传教育的认识

在保护区开展的宣传教育活动中，保护区从业人员是活动的实施者，社区居民是活动的参与者，二者对保护区的宣传教育的认识情况详见表8-2。对于“保护区管理部门经常在社区进行宣传教育”，从业人员与社区居民的看法存在显著差异，其余指标的看法一致。总的来讲，保护区从业人员认为保护区经常性地进行了宣传教育活动，而社区居民认为针对社区的宣传教育不够经常性，调查中发现造成差异的原因主要是保护区从业人员数量偏少，而保护区周边社区较多，加上社区居民外出务农或打工等原因，从业人员要进行多次宣传才能起到沟通的效果。另外，保护区在社区开展宣传教育的效果是明显的，进行过宣传教育的自然保护区周边社区的居民支持保护区建设和积极参与主动保护的意识均增强。

表 8-2 保护区从业人员、社区居民对保护区宣传教育的认识情况

指标	组别	1（%）	2（%）	3（%）	4（%）	5（%）	平均值	平均差值	P 值
指标 1	从业人员	2.0	5.0	24.0	27.0	42.0	4.02	0.55	0.000
	社区居民	19.7	9.2	15.0	15.4	40.7	3.47		
指标 2	从业人员	2.0	14.9	24.8	18.8	39.6	3.79	0.24	0.077
	社区居民	15.5	11.4	15.0	18.9	39.2	3.55		
指标 3	从业人员	0	10.0	23.0	37.0	30.0	3.87	0.01	0.913
	社区居民	5.4	7.5	22.1	26.1	38.9	3.86		
指标 4	从业人员	3.0	9.9	26.7	34.7	25.7	3.70	-0.18	0.146
	社区居民	4.6	5.6	25.1	26.5	38.3	3.88		
指标 5	从业人员	3.1	3.1	15.3	25.5	53.1	4.22	0.20	0.089
	社区居民	3.7	2.1	27.6	21.7	45.0	4.02		

（三）保护区个体差异、社区居民个体特征与社区居民宣传教育相关性分析

保护区的级别、保护类型、管理机构能够反映出保护区之间的差异，社区居民的性别、婚姻状况、年龄、受教育程度、家庭经济地位、家庭经济主要来源能够反映出社区居民间的差异，保护区的地域差别对保护区和社区居民的宣教效果也产生影响。相关性分析结果显示，保护区的级别、社区居民的受教育情况对社区居民宣传教育认识相关性不强，其他项目与社区居民宣传教育认知具有相关性，其中保护区类型、管理机构对宣传教育具有强相关性，具体数据参见表 8-3。

表 8-3 保护区个体差异、社区居民个体差异与宣传教育认识的相关分析

项目	指标 1	指标 2	指标 3	指标 4	指标 5
级别	-0.016	-0.055	-0.027	-0.013	0.049
类型	-0.230（**）	0.306（**）	-0.265（**）	-0.231（**）	0.274（**）
管理机构	0.349（**）	0.312（**）	0.245（**）	0.205（**）	0.065
保护区地域差别	0.084	0.086	0.100*	0.096*	0.002
性别	0.026	0.094*	0.064	0.080	0.112*

续表

项目	指标1	指标2	指标3	指标4	指标5
婚姻	0.077	0.060	0.082	0.105*	0.021
年龄	0.137**	0.022	-0.110*	-0.163**	-0.121*
受教育程度	0.031	0.047	0.014	0.022	-0.058
家庭经济地位	0.115*	0.071	0.107*	0.114*	0.048
家庭经济收入来源	0.106*	0.081	0.055	0.098*	-0.014

注：“*”表示显著性水平0.05　“**”表示显著性水平0.01　双尾检验。

（四）不同保护区周边社区居民对宣传教育的认识

被调查12个保护区周边社区居民对保护区开展的宣传教育认识情况参见表8-4。不同的保护区因其所处地域差异、交通差异、社区居民对保护区的依赖程度差异、居民经济来源差异等综合因素影响，引起社区居民对保护区宣传教育的看法不一。总的来看，不同的保护区其宣传教育后社区居民对宣传教育的认识存在一定的差异，底定、古龙、弄岗是社区宣传教育做得比较成功的保护区。

表8-4　来自不同保护区周边社区居民对宣传教育的认识

指标	古龙	地州	底定	滑水冲	姑婆山	十万大山	白头叶猴	春秀	弄岗	木论	九万山
指标1	4.27	3.56	4.35	3.73	3.26	2.57	1.78	3.36	4.27	4.38	3.72
指标2	4.47	3.56	4.35	3.50	2.97	3.23	1.53	3.58	4.47	3.74	3.72
指标3	4.63	3.40	4.59	3.36	3.45	3.75	2.60	4.18	4.63	3.46	3.59
指标4	4.63	3.32	4.41	3.36	3.59	3.78	3.08	4.23	4.63	3.33	3.52
指标5	4.47	3.17	4.65	3.68	3.97	4.00	3.90	4.38	4.47	3.21	3.59
平均值	4.49	3.40	4.47	3.53	3.45	3.47	2.58	3.95	4.49	3.62	3.63

（五）基于保护区个体差异、社区居民特征差异的社区居民对宣传教育的认识

就反映保护区个体差异，保护类型、管理机构共2项指标、反映社区居民个体差异的性别、婚姻、年龄、家庭经济地位、家庭主要经济来

源共5项指标，对反映保护区周边社区居民宣传教育的5项指标进行独立样本T检验或一维方差检验，具体数据参见表8－5，其中表中I、J表示就同一宣传教育认知指标具有明显差异项目情况，平均差值表示I情况下平均值与J情况下平均值之间的差值，“－”号表示I情况平均值小于J情况平均值。

表8－5 基于保护区个体差异、社区居民个体差异的社区居民宣传教育认识

级别		指标1		指标2		指标3		指标4		指标5	
I	J	平均差值	P值	平均差值	P值	平均差值	P值	平均差值	P值	平均差值	P值
A	B	1.30**	0.000	1.57**	0.000	1.18**	0.000	0.97**	0.000	0.62**	0.000
C	B	2.06**	0.000	2.22**	0.000	1.82**	0.000	1.41**	0.000	1.20**	0.000
D	E	1.20**	0.000	1.00**	0.000	0.62**	0.000	0.50**	0.000	0.15	0.176
男	女	0.09	0.580	0.30*	0.049	0.17	0.183	0.20	0.097	0.26*	0.025
已婚	未婚	0.32	0.103	0.24	0.208	0.26	0.089	0.32*	0.029	0.06	0.660
35～44岁	25～34岁	0.80**	0.000	0.51*	0.010	0.04	0.769	0.05	0.721	0.00	0.977
45～60岁	25～34岁	0.57**	0.008	0.28	0.173	－0.02	0.888	0.01	0.956	－0.12	0.400
中等以上	中等以下	0.47*	0.032	0.26	0.220	0.34*	0.036	0.33*	0.032	0.14	0.331
中等	中等以下	0.25	0.182	0.15	0.393	0.28*	0.047	0.21	0.110	0.05	0.689
有非农收入	仅农业收入	0.43**	0.004	0.01	0.972	－0.26*	0.023	－0.37**	0.001	－0.26*	0.012

注：“*”表示显著性水平0.05 “**”表示显著性水平0.01；保护区类型：A代表森林生态类型，B代表野生动物，C代表野生植物，D代表有独立管理机构，E代表非独立管理机构。

从保护区的保护类型看，森林生态型、野生植物型保护区的社区居民均与野生动物型保护区的社区居民，对保护区宣传教育的看法存在显著差异。从保护区的管理机构看，除“保护区宣传教育工作应该从小孩抓起”这一指标外，具备独立管理机构保护区的社区居民与不具备独立管理机构保护区社区居民，对保护区宣传教育的看法存在显著差异。造成看法差异的原因主要是野生动物类保护区周边社区居民的生产生活常常受到动物干扰，导致收成减少，而目前保护区暂时没有落实补偿措

施，社区居民对保护区宣传教育的抵触情绪较大，另外，保护区具备独立的管理机构，进行经常性宣传教育活动有相应的人员、经费保障。

从居民个体差异的角度看，社区居民由于性别的差异对“保护区内禁止打猎、盗伐等资源管理措施宣传到位”和“保护区宣传教育工作应该从小孩抓起”，由于婚姻状况的差异对“保护区进行宣传教育后社区居民参与保护的积极性增强”看法存在显著差异。年龄在35~60岁社区居民与年龄在25~34岁的社区居民对“保护区管理部门经常在社区进行宣传教育”的看法存在明显差异。家庭经济地位处于中等及以上的社区居民与处于中等以下社区居民在“保护区进行宣传教育后社区居民支持保护建设的力度增强”看法存在显著差异。造成看法差异的主要原因是被调查的社区居民处于相对贫困的地区，女性对社会事务的关注程度比男性低，年龄较大的社区居民相对于年轻人在家中时间长，能够经常性地接触到保护区的宣传教育活动。另外，经济地位相对较高的群体以及家庭主要经济来源多样化，即不仅依靠种田种地，而且依靠经济林收入、打工收入、参与护林收入，社会接触面相对较广，因而对宣传的接受程度相对较高。

四、结论

社区居民对保护区宣传教育的看法受自然保护区级别、保护区所处位置、保护类型、管理机构以及社区居民的性别、婚姻、年龄、受教育程度、家庭经济地位、家庭主要经济来源等的综合影响，并且保护区的个体差异及社区居民的个体差异都会引起对保护区宣传教育的看法的差异。

做好保护区的宣传教育工作能防患于未然，及时化解社区居民与保护区发展存在的矛盾，直接关系到保护区可持续发展。根据本书的研究结果，建议保护区从以下方面做好社区宣传教育工作。

（1）要健全保护区管理机构，配备社区管理人员，为保护区社区宣传教育工作的落实提供制度、人员和经费上的保障。据广西林业局2006年对林业系统自然保护区的基本情况调研显示，广西林业系统自然保护区普遍存在管理机构不健全的问题，虽然58个保护区均建立了管理机构，但仅有15个保护区建立了独立的管理机构，其余43个保护区管理机构为“两块牌子、一套人马”的非独立管理机构；在经费方面，72个保护区管理机构中，目前全额拨款24个，差额拨款14个，自收自支事业单位14个，没有落实经费和未明确经费来源共20个；因此完善保护区管理机构建设、落实经费保障是做好宣传教育的头等大事。

（2）关注社区居民的生产生活是获得社区居民理解与支持的重要保障。目前，保护区周边社区居民普遍关注保护区范围内集体林的补偿问题。在保护区土地权属方面，自治区级和县级自然保护区国有土地所占比例低，而集体土地分别占73.6%、96.3%，在划定保护区的过程中，不少社区居民的集体土地纳入了保护区的范围，在调查中社区居民对将集体林划入保护区范围而没有落实相应的补偿政策存在一定的抵触情绪。

（3）兽害是自然保护区周边社区居民关注的问题之一。保护区周边社区因其特殊的地理位置而成为野生动物经常造访的对象，野生动物对保护区周边社区居民庄稼和牲畜的破坏程度有普遍上升的趋势，但在兽害发生之后，当地政府往往采取回避态度（郭晓鸣，2004）。事实上只有社区居民生活富裕稳定才会使保护工作更加顺利进行，因此解决社区居民生产生活中切实关注的问题能够获得社区居民强有力的支持。

（4）在做好常规宣传教育工作的基础上，要加强对女性、未婚人士、年轻人、经济地位低下、家庭经济来源比较广泛的人士的针对性宣传教育工作，形成保护区周边社区全面支持保护区工作，全面参与保护工作的良好局面。

第九章

广西林业系统自然保护区与周边社区发展关系研究

自然保护区担负着保护自然资源和生物多样性的重任，其管理问题一直是近10年国内外学者关注的焦点。处理好自然保护区与周边社区关系，构建和谐社会，对促进保护区可持续发展意义深远。广西在建立保护区的过程中，划入保护区范围的区域普遍有居民及村寨，如何处理保护区与周边社区的关系成为不可回避的话题。本书通过分析保护区与周边社区居民存在的主要制约因素，以期为保护区的管理提供参考。

广西在建立保护区过程中，许多村寨划入自然保护区范围内，加上与保护区接壤村寨众多，保护区周边社区呈现出分布广，人口增长快，居民素质低下，生产力水平低，不合理利用资源，社会发育程度低，科教文化落后，基础设施薄弱，整体处于封闭状态的特征。可利用自然环境欠佳、基础设施落后、文化教育水平低下、收入单一等严重制约了自然保护区周边社区发展。

广西自然保护区周边社区一般位于边远山区，以农业社区为主，社区水田、旱地、集体林常常与保护区连为一体，人均可以耕种田地面积小。受地势不平、气候多变、农业新技术缺乏的综合影响，农作物收成低。社区集体林面积大，其管理形式以社区与自然保护区共管、划分到户、未划分到户三种形式存在，但真正划分到户的少，居民实际可利用林地相当有限。据调查，广西自然保护区内及周边的群众仍有1/3生活在贫困线以下，近年来保护区内及周边群众的年人均纯收入1300多元，是全区农民年人均纯收入的70%，其中，社区群众年人均纯收入低于

1000元人数达31.8万人。自然保护区的社区群众除了经济收入低，缺粮现象也比较严重。自然保护区内群众的年均有粮为289公斤，周边社区群众360公斤，其中人均有粮低于250公斤涉及人数约26.5万人。

广西自然保护区周边社区交通基础设施极为落后，社区内部基本是没有硬化的泥路，路面窄，坑洼不平，没有统一的排水沟，各家各户自由排放，造成污水到处流淌。社区与外界相连的道路同样以泥路为主，道路两边以农田为主，间或鱼塘，造成路基不稳。落后的交通使当地人流、物流、信息流不畅，社区居民生产的农产品无法向外运输，生产生活必需品也难以进到社区，信息不灵使居民无法了解外界先进的思想观念、农业生产技术。另外，自然保护区周边社区成年居民受教育水平低，加上农村继续教育落后，很少有居民掌握农村实用技术。偏远山区教育普遍面临师资缺乏、教学设施缺乏、受教育者家庭贫困等困境，加上父母对教育重要性缺乏正确认识，适龄孩子在中学、高中阶段失学、辍学的较多。

一、自然保护区与周边社区关系

通过问卷调查了周边社区“居民对保护区的认知情况（5个指标）”，另针对保护区与社区居民共同关注的“社区对保护区的响应（5个指标）”、“保护区对社区的影响（6个指标）”对自然保护区周边的居民和保护区从业人员分别进行了调查。调查指标采用李科特级度进行评价，用1~5分别代表“完全不同意”、“不同意”、“中立”、“同意”、“完全同意”。访谈对象为自然保护区管理人员和周边社区居民中村干部，内容围绕保护区周边社区基本情况、社区共管实施、保护区规章制度、保护区执法、保护区边界、山林权属、纠纷处理等。

（一）自然保护区与其周边社区关系指标分析

1. 社区居民对保护区的认知

自然保护区周边社区与保护区相互接壤，当地自然资源及环境与保护区的生态环境共同构成了一个完整生态系统。社区居民对保护区的看法将影响社区与保护区的关系。指标I1~I5分别表示“保护区建立对保护资源与环境具有重要意义”（I1）、“保护区资源保护与社区经济发

展存在矛盾”（I2）、“保护区带动了周边社区居民致富”（I3）、“保护区的保护工作应由保护区与社区共同完成”（I4）、“保护区的动植物需进行全面保护”（I5），可以反映居民对保护区的看法（见图9－1）。

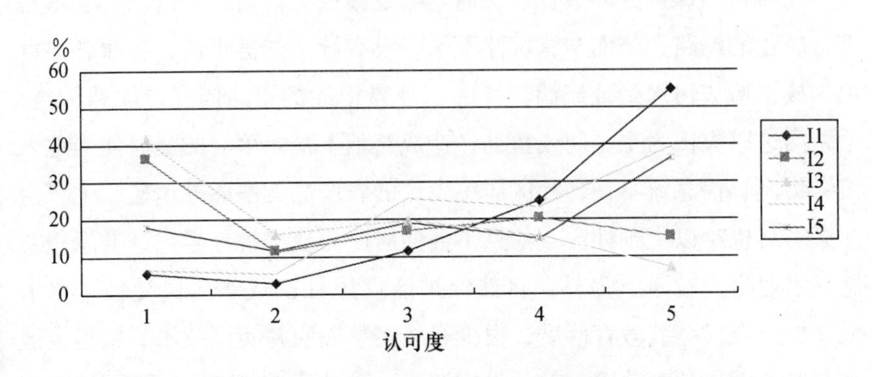

图9－1　社区居民对保护区的认知

目前，社区居民普遍认可保护区建立对保护资源环境具有重要意义，但认为保护区在带动周边社区居民致富方面还十分有限，在一定程度上，保护区的资源保护与社区经济发展存在矛盾，有相当一部分居民认为不需要对保护区的动植物进行全面保护。社区居民普遍希望参与保护区的保护工作，保护区开展社区共管具有广泛的群众基础。

2. 社区对保护区响应

社区居民对保护区的依赖、保护行为和破坏行为均可以看做是其对保护区建立的一种响应。社区对保护区的响应主要表现在“社区对保护区的依赖很强”（I6）、“社区用水主要来源于保护区”（I7）、“社区环境与资源保护做得很好”（I8）、“社区对保护区造成了较大破坏”（I9）、“社区有蚕食保护区行为”（I10）等方面的评价（见表9－1）。目前，保护区从业人员和周边社区居民对于社区用水来源、社区的环境与资源保护行为方面看法一致，均认为社区环境与资源保护不错，有相当部分居民自觉做到保护环境和资源。周边社区居民对于保护区涵养水源，为当地居民生产、生活提供水源感知最直接，但在调查中不少社区用水并不直接来自保护区。社区对保护区的依赖、社区破坏保护区的行为、社区对保护区的蚕食等，居民的看法与从业人员的看法有显著差异，从业人员认为社区对保护区的依赖较强，但居民认为依赖较弱，居民在保护区内采集林副产品、放牧等对保护区的破坏行为以及周边社区蚕食保护区的行为方面，村民的感知远不如从业人员强烈。

表9－1　社区居民对保护区响应指标的总体情况

指标	受访人员	1（%）	2（%）	3（%）	4（%）	5（%）	平均值	P值
I6	社区居民	29.8	21.2	14.0	13.8	21.2	2.75	0.056
	从业人员	13.7	16.7	25.5	21.6	22.5	3.24	
I7	社区居民	27.0	3.1	12.6	5.6	51.7	3.52	0.431
	从业人员	15.0	4.0	20.0	23.0	38.0	3.65	
I8	社区居民	6.0	6.5	19.0	30.4	38.1	3.88	0.448
	从业人员	3.9	9.8	25.5	25.5	35.3	3.78	
I9	社区居民	53.8	19.6	16.5	7.6	2.5	1.85	0.004
	从业人员	33.7	29.7	22.7	9.9	4.0	2.21	
I10	社区居民	67.5	9.7	18.0	3.0	1.8	1.62	0.003
	从业人员	50.5	14.9	21.8	7.8	5.0	2.02	

3. 保护区对社区影响

保护区的划定在一定程度上限制了当地居民生产活动范围和经营方式，对周边社区居民的社会、经济、文化产生影响。保护区对社区的影响集中表现在“保护区建立改善了社区生活环境”（I11）、“保护区动物干扰村民的生产生活”（I12）、“保护区域内禁止种植、采摘、放牧等影响村民的生活”（I13）、“保护区建立有利于村民与外界交流”（I14）、“保护区有针对社区居民的补偿机制”（I15）、“保护区有完善的针对社区居民的奖惩机制”（I16）的评价（见表9－2）。保护区从业人员和周边社区居民一致认为保护区对于改善社区生活环境有一定成效，在显著性水平为0.05下，二者在其他指标上的看法存在显著差异，保护区从业人员认为动物干扰、禁止种植、采摘、放牧等对居民影响强度大于居民的感知，目前保护区针对社区居民的补偿机制、奖惩机制不完善，社区居民的感知尤其强烈，即保护区的建立对周边社区产生一定影响，但保护区并没有采取强有力措施消除负面影响。

表 9-2　保护区对社区影响的总体情况

指标	受访人员	1（%）	2（%）	3（%）	4（%）	5（%）	平均值	P值
I11	社区居民	14.6	11.9	16.8	22.8	33.9	3.50	0.056
	从业人员	5.2	9.3	18.6	39.2	27.8	3.75	
I12	社区居民	63.6	5.9	5.4	13.6	11.5	2.03	0.000
	从业人员	25.8	24.7	23.7	10.3	15.5	2.65	
I13	社区居民	50.2	4.7	7.9	24.1	13.1	2.45	0.009
	从业人员	23.5	16.3	28.6	11.2	20.4	2.89	
I14	社区居民	5.2	5.0	5.5	8.9	75.4	4.44	0.013
	从业人员	6.1	3.1	16.3	21.4	53.1	4.12	
I15	社区居民	70.1	8.9	9.4	5.9	5.7	1.68	0.000
	从业人员	26.3	23.2	18.2	21.2	11.1	2.68	
I16	社区居民	56.1	10.0	14.2	12.7	7.0	2.04	0.000
	从业人员	21.6	24.8	18.6	23.7	11.3	2.78	

（二）影响自然保护区与其周边社区关系的制约因素

1. 自然保护区边界不合理

广西林业系统保护区不少是20世纪80年代初抢救性建立的，建立时自然保护区边界虽然在文件上明确，但没有进行实地勘界调查并向社会公告，对部分自然保护区生物资源、自然环境、周边社区经济等情况也均不掌握。由于自然保护区范围的划定缺乏合理性，特别是缺乏社会科学方面的研究，没有给居住在保护区内及周边的群众留出基本的生产生活用地，造成了现在人地之争，还有个别保护区被蚕食的现象十分严重[2]。

2. 资源保护与当地经济发展之间的矛盾

在自然保护区建立前，社区居民日常生活中需要的木材、薪材、牲畜饲料、野生食用植物、中药材等大多来自山林，村民对自然保护区的资源依赖很强。随着经济的发展，社区居民对保护区的依赖程度减少，但本次调查中亦有约1/3的居民认为其家庭对保护区依赖性强。保护区建立后，产生资源保护与当地经济发展矛盾的根源包括：一是保护区内的核心区、缓冲区和试验区都居住着数以百计的各民族的居民，这些居民生活空间狭小、经济来源单一。二是部分保护区将大面积集体所有的山林划进保护区范围，传统的林业生产经营活动被禁止，处于边远山区的保护区周边社区居民失去了部分经济来源。三是保护区周边社区长期处于封闭状态，社区居民外出谋生能力相对较弱，不少居民需要依靠当地资源谋生。

3. 社区居民责、权、利不一致

在自然保护区管理机构的宣传教育下，社区居民对“禁止在自然保护区内进行砍伐、放牧、狩猎、捕捞、采药、开垦、烧荒、开矿、采石、挖沙等活动”的规定有一定的了解，调查中发现，对于违反自然保护区有关规定的居民，处罚很严，虽然目前总体上约有 1/3 的受访者认为这些规定影响到他们的生活，但社区居民中还是形成严格遵守自然保护区有关规定的风气。社区居民责、权、利的不一致也体现在保护区内集体林的纠纷上，在建立保护区时，有相当一部分的社区集体山林划入自然保护区范围，在广西林业系统保护区实际管理面积中，国有土地占 32.4%，集体土地占 67.6%，除国家级自然保护区国有土地所占比例较大外，其余级别的保护区中绝大部分属于集体土地。但不少保护区相应补偿落实不到位，社区居民对于砍伐自己种植树木的呼声很高，使保护区与社区的关系比较紧张。另外，随着自然保护区生态环境优化，区内动物逐渐增多，时有动物干扰社区居民生产、生活的事件发生，无论是社区居民还是保护区的从业人员，均认为现有针对社区居民的补偿制度不完善，发生的损失几乎全部由居民承担。

4. 被动管理和民主参与之间的矛盾

目前，社区居民在保护区管理中参与程度很低，社区共管停留在探索阶段。保护区在制定与社区居民相关的决策时，很少征求社区居民意见。调查显示，超过 60% 的受访者认为保护区的保护工作应由保护区与社区共同完成，社区居民被动管理与民主参与的矛盾较大。目前，林权纠纷可以说是被动管理与民主参与矛盾的缩影，林权纠纷产生的根源就在于自然保护区最初在划分林权时缺乏社区居民的参与，不征求社区居民的意见。在林权纠纷较多的保护区，原因大致可归纳为：一是保护区未与居民达成共识就把大面积集体所有的山林划进自然保护区的范围。

二是建立自然保护区前林木权属本身不清楚，自然保护区建立后就强制明确了权属关系（为国家所有），这也导致社区提出了权属异议。三是在划定自然保护区之前，社区居民虽然不拥有对周边资源的法定所有权但能够利用，建区之后，对于本来就属国有的资源，性质并没有变化，但社区居民却被禁止利用，居民对此也不理解[2]。对于这些，社区居民几乎没有民主参与决策的机会，只能被动接受管理，以致引发了冲突。《中华人民共和国自然保护区条例》的各项管理规定中，没有关于吸收自然保护区内及周边的居民参与其管理的规定，这不仅使地方政府难以领导和管理，也使自然保护区的群众在政治、经济、文化活动中被边缘化。

5. 社区支持体系不完善

林业系统自然保护区对重建广西生态平衡做出了重要贡献，为建立自然保护区做出贡献以致重大牺牲的保护区周边社区，应当得到合理的补偿。针对社区的支持政策，包括广西林农粮食补贴、动物破坏社区居民庄稼补偿、居民自己种植经济林砍伐、协议砍伐林木等问题的政策支持体系不完善。如社区居民集体林纳入保护区范围后，禁止了各林业种植户到自然保护区内管理和砍伐林木，而相应的补偿却没有落实，此举使很多社区居民生产生活陷入困境。

二、自然保护区周边社区发展的限制性因素研究

自然保护区周边社区位于保护区内部，或与保护区接壤，具有相同或相似信仰、习俗、传统文化、知识，以及生产生活方式，并与共同资源发生特定关系。由于广西自然保护区周边社区大多位于偏远地区，人口增长快，人均耕地面积较少，居民素质低下，生产力水平低，不合理利用资源，社会发育程度低，科教文化落后，基础设施薄弱，整体处于封闭状态[45]。社区自然资源与环境与自然保护区的生态环境共同构成了一个完整的生态系统，传统的“靠山吃山”、“靠水吃水”的生产方式受到自然保护区管理的限制后，社区发展受到较大的限制。

在对广西自然保护区周边社区居民生产生活情况的访谈中，居民从多方面提及当地的发展受到限制。从居民提及的限制因素中整理出出现频率较高的11 项指标，分别是“社区所在地比较偏远”（F1）、“当地

的自然条件较差”（F2）、“当地人文化程度不高”（F3）、“当地人缺少谋生技能”（F4）、“当地人缺少生产资金”（F5）、“当地人民主参与意识不强”（F6）、“政府对社区关注不够”（F7）、“保护区的存在使社区生存空间缩小”（F8）、“农村贷款难”（F9）、“当地人赖以生存的资源较少”（F10）、“政府、保护区在制定政策时很少听取社区居民的看法”（F11）。本次调查分别抽取位于桂中的龙虎山自然保护区、桂北的银殿山自然保护区作为调查目的地，随机抽取周边社区成年居民进行问卷调查，其中对部分文化程度较低的受访者，由会讲当地方言的调查人员口述调查内容，以保证受访者均能理解问卷内容。在调查中受访者就上述11个限制当地社区发展的因素作出认可评价，评价采用李科特尺度进行，其中1～5分别表示：完全不同意，不同意，中立，同意，完全同意。对收集到的数据采用SPSS 15.0进行统计分析。

（一）受访者基本情况

从受访者人口统计指标性别、婚姻状况、年龄、学历看，自然保护区周边社区男性受访者明显多于女性，受访者已婚人士所占比例高，年龄以31～49岁居多，学历普遍不高，曾接受过高中及以上教育的受访者仅占15.8%。对位于龙虎山和银殿山周边居民的人口统计指标进行独立样本t检验，在显著性水平0.05时，受访者的性别构成呈现显著差异，而婚姻状况、年龄、学历均没有显著差异。调查显示：龙虎山周边社区居民受访者男女比例严重失调，男性所占比例明显高于女性，而在银殿山，男女比例基本一致。受访自然保护区周边社区居民的年龄偏大，学历偏低这一点与其他自然保护区特点一致。

从受访者家庭收入来源看，种植、养殖、外出务工是收入的主要来源，受访者认为上述三项是家庭主要来源的分别占67.4%、89.0%、46.4%，但龙虎山自然保护区周边社区居民认为种植业是家庭主要来源的比例远远低于银殿山周边社区居民，两者比例分别是59.0%、78.0%；龙虎山周边社区居民认为外出务工是家庭主要来源的比例则远远高于银殿山周边社区居民，两者比例分别是59.5%、29.8%。从近年来家庭收入变化趋势看，认为下降的占13.0%，认为基本稳定的占38.7%，认为增加的占19.4%，另有28.9%认为家庭收入不稳定，时

好时坏。总体上看，自然区周边社区居民生计方式单一、科技含量低、资源依赖性强、经济状况不佳，可持续性较差。

从受访者对自然保护区的态度看，总体人文环境十分有利于自然保护区的发展，对保护区存在持反对态度的仅占10.3%，而有69.3%的受访者十分支持保护区存在。显然，龙虎山自然保护区周边社区居民对保护区的态度不及银殿山自然保护区周边社区居民对保护区的态度积极，前者对保护区持反对和支持的比例分别为15.8%、54.5%，后者持反对和支持的比例则分别为3.5%、87.9%（详见表9-3）。

通过社区居民人口统计指标、家庭收入变化趋势、社区居民对自然保护区的态度的相关性分析，发现社区居民对自然保护的态度与人口统计指标、家庭收入变化趋势的相关性不明显。

表9-3　龙虎山和银殿山自然保护区周边社区居民基本情况

项目	指标	总体（%）	龙虎山（%）	银殿山（%）	t检验
性别	男	63.0	72.5	51.1	0.000
	女	37.0	27.5	48.9	
婚姻状况	已婚	88.1	89.3	86.5	0.445
	未婚	11.9	10.7	13.5	
年龄	30岁及以下	24.6	23.6	25.9	0.108
	31~49岁	50.2	47.8	53.2	
	50岁及以上	25.2	28.7	20.9	
学历	小学及以下	39.1	38.6	39.7	0.343
	初中	45.1	49.4	39.7	
	高中及以上	15.8	11.9	20.6	
收入来源	种植	67.4	59.0	78.0	0.000
	养殖	89.0	83.4	93.6	0.026
	外出务工	46.4	59.5	29.8	0.000
近年收入变化趋势	下降	13.0	11.9	14.4	0.403
	基本稳定	38.7	38.6	38.8	
	增加	19.4	26.7	10.1	
	时好时坏	28.9	22.7	36.7	

续表

项目	指标	总体（%）	龙虎山（%）	银殿山（%）	t 检验
对保护区态度	反对	10.3	15.8	3.5	0.000
	中立	20.4	29.8	8.5	
	支持	69.3	54.5	87.9	

（二）自然保护区周边社区发展的限制性因素分析

受访者对限制自然保护区周边社区发展因素的评价显示："当地人缺少生产资金"（F5）、"当地人缺少谋生技能"（F4）、"当地人文化程度不高"（F3）排前三位，平均值分别是4.37、3.84、3.72，可以认为：当地居民自身条件不足是限制社区发展的主要原因。排在第4~6位的分别是："当地的自然条件较差"（F2）、"社区所在地比较偏远"（F1）、"当地人赖以生存的资源较少"（F10），可以认为自然禀赋欠佳是限制社区发展的第二大原因。排在后五位的分别是"政府、保护区在制定政策时很少听取社区居民的看法"（F11）、"政府对社区关注不够"（F7）、"农村贷款难"（F9）、"保护区的存在使生存空间缩小"（F8）、"当地人民主参与意识不强"（F6），可以认为社区与外界关系不顺是限制社区发展的第三大原因（详见表9-4）。

表9-4　龙虎山和银殿山自然保护区周边社区居民对限制社区发展因素的评价

	1（%）	2（%）	3（%）	4（%）	5（%）	平均值	排序
F1	16.6	5.6	16.9	13.8	47.0	3.69	4~5
F2	11.0	8.2	25.7	11.3	43.9	3.69	4~5
F3	7.3	3.5	33.3	21.6	34.3	3.72	3
F4	5.6	2.5	33.9	17.9	40.1	3.84	2
F5	3.1	3.4	13.8	12.5	67.1	4.37	1
F6	20.7	8.5	42.6	9.7	18.5	2.97	11
F7	10.0	7.5	33.3	19.8	29.2	3.50	8
F8	19.9	10.4	32.9	14.9	21.8	3.08	10
F9	11.9	10.4	34.9	17.3	25.5	3.34	9
F10	7.3	7.9	38.5	11.0	35.3	3.59	6
F11	9.4	5.3	36.5	17.6	31.1	3.55	7

具体分析如下：

(1) 在调查的村屯中主要收入是种植和养殖部分家畜，收入很低，导致大部分村民靠外出务工赚钱养家，也就没有多余的资金进行其他产业的发展；一般保护区都位于偏远山村，因此那里的村民与外界接触较少，基本没掌握什么致富的生产技术，而且通过调查统计可知，他们的文化程度不高，接受知识的能力较差，使他们更难以学到有用的谋生技能。因此，很多村屯中的生产生活都是在走传统的发展套路，所得经济效益就不会很高。

(2) 相对于第一个大的制约因素来说，自然条件的限制也是不可估量的。在多数的调查统计结果中，交通不便几乎都排在首位。保护区周边的村屯通往外界的主要道路一般都没有经过硬化处理，而且地处偏僻，有些道路是绕着山体而行，况且路面坑洼不平，乱石成堆，路面窄小，给村民行车带来很大的安全隐患，同时对村屯的农产品运输造成很大的影响，制约了当地的经济发展。

(3) 再者就是因为地处偏僻，很多其他方面的基础设施没有得到有效的改善。在调查中发现，村屯里的卫生所很少有，即使有但是医疗设施还是很差，造成村民看病难，且因村中交通不便，医疗问题也就变得十分严重。保护区周边村屯饮水方式主要是靠塑料管接引山泉水，但是村民所采用的胶管引水多数是年久失修，都有不同程度的老化、断裂，已经很难正常使用。若要使用铁制水管来引水，村民又无力支付巨额经费开支，这也严重影响了当地村民的生活发展。

(三) 自然保护区周边社区居民对限制社区发展因素评价的差异分析

就龙虎山自然保护区和银殿山自然保护区对上述11项限制自然保护区周边发展的因素进行独立样本t检验，发现两个自然保护区周边居民对“社区所在地比较偏远”（F1）、“当地人文化程度不高”（F3）、“当地人缺少生产资金”（F5）的认识基本一致，而对其他8个指标的看法有显著差异，龙虎山自然保护区周边社区居民认为8项指标对社区发展制约更明显（详见表9-5）。从总体上看，龙虎山自然保护区周边社区居民和银殿山自然保护区周边社区居民对自身条件看法一致性高，而对当地自然禀赋、社区与外界关系的看法存在较大差异。

表9-5 龙虎山和银殿山自然保护区周边社区居民对限制社区发展因素评价的差异

指标	龙虎山（I）	银殿山（J）	I-J	t检验
F4	4.12	3.50	0.62	0.000
F2	4.09	3.18	0.91	0.000
F10	4.12	2.92	1.20	0.000
F11	3.74	3.31	0.43	0.002
F7	3.67	3.30	0.37	0.008
F9	3.52	3.11	0.41	0.003
F8	3.55	2.49	1.06	0.000
F6	3.21	2.67	0.54	0.000

通过对当地居民自身条件相关的F5、F4、F3三个指标与居民对保护区态度进行相关性分析，发现居民的生产资金、谋生技能、文化程度三者之间具有显著的正相关性，而三项指标与居民对保护区的态度之间没有明显的相关性。社区居民受文化水平低和收入来源单一的制约，家庭收入普遍偏低，而农村借贷体系不完备，使当地人普遍缺少生产资金。虽然龙虎山和银殿山周边社区居民均面临缺乏谋生技能的困境，但龙虎山周边社区发展受谋生技能缺乏的影响更大。调查中发现龙虎山周边社区居民外出打工人数多，但受文化程度低制约，往往只能从事技术含量低的服务性、体力工作，而留在当地者以种植香蕉、板栗等经济作物为主，但由于绝大部分居民没有掌握种植新技术，农产品品质不高，收入也不稳定。银殿山周边社区居民收入中种植业在收入中的贡献大，主要以种植经济作物柑橘为主，年轻人也往往出去打工，但更多的是去外面看看后又回到村中，绝大部分居民掌握了经济作物的科学施肥、嫁接技术等。

通过对当地自然禀赋相关的F2、F1、F10三个指标与居民对保护区态度进行相关性分析，发现居民对保护区的态度与F10呈显著的负相关，即居民认为当地人赖以生存的资源越少，则其对保护态度越消极。指标F2、F1、F10之间相互影响，具有显著的正相关性。龙虎山与银殿山自然保护区周边社区居民对“当地人赖以生存的资源较少”（F10）、

"当地的自然条件较差"（F2）的看法有显著的差异。就指标"当地人赖以生存的资源较少"（F10）评价，龙虎山自然保护区周边社区居民平均值是4.12，对保护区持支持态度的仅占受访者的54.5%，但银殿山自然保护区周边社区居民对同一指标评价的平均值是2.92，对保护区持支持态度的受访者高达87.9%。银殿山自然保护区周边社区居民认为当地自然条件一般，平均值为3.18，而龙虎山自然保护区周边社区居民则认为当地自然条件很差，平均值高达4.09。客观地讲，龙虎山与银殿山自然保护区周边社区所在地地理条件具有极大的相似性，但后者所在地政府致力于解决居民生产生活困难的措施卓有成效，如政府有组织地对社区居民进行农业技术培训与指导；农业协会服务于社区，为居民提供农业生产指导、农产品流通信息发布；另外政府扶持以电代柴工程和节柴灶沼气池改建工程，减轻社区居民对自然保护区资源的依赖，在改善居民生活环境的同时有效保护了生态环境。

通过对社区与外界关系相关的F11、F7、F9、F8、F6五个指标与居民对保护区态度进行相关性分析，发现"政府、保护区在制定政策时很少听取社区居民的看法（F11）"、"政府对所在屯的关注不够(F7)"、"保护区的存在使生存空间缩小（F8）"与居民对保护区的态度密切相关，指标F11、F7、F9、F8、F6之间具有明显的正相关性。居民认为政府、保护区在政策制定时听取了居民的看法、政府关心社区发展方面做得越好，则社区居民对保护区的态度越积极。社区居民对"自然保护区的存在使居民的生存空间变小"感知越强烈，则居民对保护区的态度越消极。另外龙虎山自然保护区周边社区居民对上述五个指标的评价与银殿山自然保护区周边社区居民的评价具有显著的差异。

三、自然保护区与周边地区协调发展的威胁与限制因素分析及发展对策

（一）保护区与周边地区协调发展的威胁与限制因素分析

调查人员在对PRA社区调查材料、保护区管理问题调查以及相关资料分析评估的基础上，归纳出广西林业系统保护区森林生态系统和珍稀动植物资源保护管理面临的问题，主要为捕猎、侵占林地、砍伐林

木、采集、森林火灾隐患大、过度放牧6个威胁因素，以及管理制度不健全、人员业务素质低、巡护安排不合理、基础设施不完善、保护区与社区沟通不顺、缺少部分生物本底资料和社会经济资料6个限制因素。通过威胁因素成对比较分析（见表9-6、表9-7），两组因素影响由强到弱的排序结果为：

表9-6 威胁因素成对比较排序

代号	1	2	3	4	5	6
1	侵占林地					
2	1	采集				
3	1	3	捕猎			
4	1	4	3	砍伐林木		
5	5	5	5	5	森林火灾隐患大	
6	1	6	3	6	5	过度放牧
合计	4	0	3	1	5	2
排序	2	6	3	5	1	4

表9-7 限制因素成对比较排序

代号	1	2	3	4	5	6
1	管理制度不健全					
2	1	基础设施不完善				
3	1	2	人员业务素质低			
4	4	4	4	巡护安排不合理		
5	1	2	3	4	保护区与社区沟通不顺	
6	1	2	3	4	5	缺少部分生物本底资料和社会经济资料
合计	4	3	2	5	1	0
排序	2	3	4	1	5	6

威胁因素：森林火灾隐患大、侵占林地、捕猎、过度放牧、砍伐林木、采集。

限制因素：巡护安排不合理、管理制度不健全、基础设施不完善、人员业务素质低、保护区与社区沟通不顺、缺少部分生物本底资料和社会经济资料。

1. 威胁分析

（1）威胁因素的识别。

①森林火灾隐患大。广西是一个森林火灾多发的省区，森林火灾发生的原因有自然的原因，也有人为的原因。高温干旱、人为纵火、野外用火等是森林火灾发生的重要隐患。据统计，广西森林火灾主要发生在冬季（12 月～翌年 2 月）和春季（3～5 月），森林防火期出现在连续高温、干旱、大风等高火险天气时，森林火灾直接毁坏较大面积的植被，对保护区的森林面积和结构构成产生最为直接的危害。

②侵占林地。由于产业结构调整，土地效益提升，特别是林浆纸项目的建设，租地造林成了发家致富的新门道；同时农村人口增加，耕地面积减少。在各种利益驱动下，国有林场的山林被当地农民侵占蚕食情况时有发生。据统计，近几年全区林业用地年均流失 150 万亩，其中仅自治区直属的 14 个国有林场目前林地被侵占的面积就达 32.4 万亩；到 2005 年止，全区国有林场被侵占林地达 92.4 万亩，钦廉林场山林被侵占高达 13 万亩，东门林场被周边村民毁林占地达 9 万亩，崇左市 9 个国有贫困林场被侵占林地 12.8 万亩，占国有贫困林场林地面积的 15.6%。保护区周边居民砍伐原有的森林植被，擅自在保护区占地种植经济作物，使保护区内的植物种类多样性明显减少，外来种、广布种明显增多，森林生态系统有所退化；并且占地种植和经营经济作物增加了保护区内人为活动，火灾隐患增多，动物栖息受干扰；此外，占地行为会产生一种不良的示范作用，会引发更多的占地行为发生，对保护区的生物多样性保护产生严重的破坏影响。

③捕猎。偷猎的手段有埋放铁夹、绳套、捕捉网，垂钓或电击、灯诱等，猎枪仍有使用，捕猎的主要对象是保护区内的珍稀和经济价值高的动物。捕猎行为一是直接导致保护区野生动物个体数量的减少，许多

野生动物在保护区内已经明显受到影响；二是偷盗野生动物的违法分子进入林区生活用火，加大森林火灾隐患；三是违法分子为偷猎来的野生动物，与护林员发生冲突，威胁护林员的人身安全，增加保护工作难度。

④过度放牧。据统计，广西过度放牧日趋严重，超载率达到了81%。过度放牧破坏了保护区现有植被，加快了山区植被的丧失。岩溶地区散养牲畜，不仅毁坏林草植被，且造成土壤易被冲蚀，最后导致植被消失，土被冲走，石头露出，导致土地石漠化。

⑤采集。近年在保护区内非法采集野生植物事件时有发生。这一违法行为致使一些物种的个体数量急剧减少，影响生物多样性的丰富度，甚至有可能造成某种植物的灭绝；在采集过程中，可能破坏某种植物生长环境，对其生长造成危害，造成其物种灭绝；保护区内人为活动增加，还会干扰野生动物的栖息和增加森林火灾隐患。

⑥砍伐林木。砍伐林木的行为在保护区表现为偷砍林木作薪材、砍高大坚硬的杂木作家具材料、就地砍伐林木（包括人工营造的用材林）作建房（工棚）或矿洞顶窿用材、砍木烧炭、砍木制作生产工具等。偷砍林木可致使被砍伐树种个体数量急剧减少，影响保护区植物多样性；另外，偷砍林木行为的发生会增加林区用火，造成火灾隐患，增加的人为活动会影响野生动物的生存。

（2）产生威胁的原因。

①森林火灾隐患大。在客观条件上，保护区较长时间未发生过火灾，林下累积枯枝落叶层厚，可燃物多，保护区每年的9月到次年的5月天气干燥风大，易发生火灾并易蔓延。

集体林区现已多为人工林，集体林发生火灾多，引发保护区森林火灾。而周边村民在集体林内烧荒开垦、生火取暖煮饭、扫墓、野外烧马蜂、山脚下农田生产用火不慎等是导致集体林区火灾多发的原因。此外，居民房电线短路、人为故意放火等则是引发集体林森林火灾的特殊原因。

进出保护区的人员多，狩猎者野外过夜用火、游客吸烟丢烟头、扫墓人员点香烧纸用火等都是森林火灾发生的火源，火源缺乏有效的

管理。

保护区周边居民防火意识仍然比较淡薄，防火宣传力度不强。

由于保护区第一线护林员人少，设置的巡护线路长、多、有些站点管辖范围大，致使巡护有遗漏；护林员巡护设备较少，防火宣传设备设施不足等，难以及时提供火灾信息。

②侵占林地。种植经济作物可以获得较高的经济效益，而保护区社区村民其他的经济收入来源又少，导致村民侵占林地现象时有发生。

由于保护区界桩界碑标志太少，致使集体林地跟保护区的界线不明了，村民借口越界侵占。

一些村屯由于人口增加快，人均山地面积少，村民越界扩大种植面积。

巡护不能及时发现，占地行为不能及时有效处理。

对被占的林地没能够全部清查和登记管理，依法查处打击的力度也不够。

由于保护区在法律和自然保护方面宣传较少，社区居民的保护意识不高。

③捕猎原因分析。社区村民生活比较贫困，仍有个别村民为增加经济收入而进山偷猎动物出售。

保护区与地方市场和林业野生动物管理部门缺少沟通与协调，对野生动物非法市场交易行为打击或监督不力，致使保护区附近农贸市场经常有野生动物收购销售。

少部分社区村民缺少野生动物保护意识，出于娱乐或自食的目的而进行偷猎。

有些村民误认为食用野生动物或拿来泡酒有强身健体的功效，有些村民甚至拿做礼品而进山偷猎。

保护区对野生动物的巡护管理不到位，巡护路线不合理和巡护设备不足致使护林员巡护出现漏巡，信息反馈迟缓，林政、公安等执法部门发挥的巡逻、查处作用不够大。对重点保护动物分布与种数量等情况的了解太少，不能满足巡护需要。

④过度放牧原因分析。社区土地利用规划不好，原来用来放牧的地

方已被村民开荒种植，因而没有固定的放牧场。

村民已形成随意在山上放养牛羊的习惯。

村民缺少圈养技术。

保护区保护宣传少，村民保护意识不强。

⑤采集原因分析。传统用药和饮食习惯，导致草药和一些可食用植物被保护区周边村民广泛用来泡制药酒和食物出售。

有一定的市场交易，高价的野生香菇干品等诱导更多的人进山采集。常年不间断地定点收购，使社区村民更多地依赖采挖草药和花卉苗木提高经济收入。

保护区对非法采挖行为查处力度不够，野外巡护有遗漏，哨卡检查不严格。

⑥砍伐林木原因分析。没有新的生活能源替代薪柴，近年来有部分村民修建沼气池，不过资金与原材料有限，沼气池不能得到普及。

烧薪柴是周边村民的传统习惯，现在仍有少部分村民由于过于贫困，用不上沼气池或煤气，只能使用薪柴。

为了获取经济收入，部分村民砍薪柴或烧炭到市场出售，或砍木制作板方檩条用做建筑、家具、工具用材。

为节约成本，矿主就地砍伐林木做坑木，矿区和建筑工地的民工也常用来搭建工棚。

保护区执法部门在对附近木材及木制品交易市场监控不力，一些木材非法交易不能得到及时处理；保护区对植物保护宣传不广泛，强度不大，周边村民和有关单位的保护意识淡薄。

2. 限制因素与其影响分析

（1）巡护线路安排不合理。保护区当前的巡护未能根据违法行为发生的季节性和规律性进行有针对性的安排，缺少巡护计划；设立的护林点数量不够，部分站（点）管辖范围太大；巡护路线不明确，有巡护路线交叉或重叠的现象；护林员参加培训少，对动植物的习性和保护意义等知识了解不多，导致巡护对象和目的不明确；进山路口多，安排巡护线路多，一些巡护路线相对过长，加之护林员数量不够，致使护林员巡护区域太大。

以上影响造成巡护工作效率低、工作量大，漏巡等现象发生，导致火灾隐患不能及时发现，捕猎、砍伐林木、侵占林地等违法行为得不到及时制止。

（2）管理机制不健全。

①保护区没有形成沟通联合等机制。

②保护区各项目保护区部门设置不完善。部分保护区还未设置社区事务科、宣传教育科、人事科等部门。

③保护区的一些规章制度如物业管理制度、奖惩制度、节假日、部门职责、岗位职责、护林员评聘与福利、政务公开制度等不健全，或原制定的规章制度已过时。

④保护区工作人员特别是专业人员不足。缺少动物学、植物学方面的专业技术人员、旅游专业人员、财务预算员、干警和中级医务人员。此外，保护区在人员安排方面也不太合理，直接从事护林的人员少或被抽调去做非护林工作的时间多，部分护林员年龄偏大，有些站点护林员数量少。

⑤有些保护区由于部门职能没有制定，有些机构，如党政办内设机构设置重复。一些职能如经济林的经营管理、旅游的开发和管理、森林公安与林政的执法等权限重复，导致经营开发科和旅游发展公司、旅游发展公司和旅游发展科、护林防火科和公安派出所、林业规划与建设规划等部门职能不明确。

（3）基础设施设备配套不完善。

1）各保护（管理）站点方面。

①站点办公条件差：部分保护区保护站缺乏办公场所或者办公场所被挪用，办公用品用具如办公桌椅、电脑、复印机、传真机等缺少。

②巡护装备差。表现在通信工具不多或难使用，如对讲机数量不足，基转台不够和使用不正常。保护站生活用车和巡护摩托车不足。野外生活设备不足，如缺少睡袋、强光电筒、野外炊具、水壶、军用鞋、雨衣等。缺少野外防身装设备，如急救包，防虫、蛇药品，巡护用狼狗，匕首，警棍，登山绳等。缺少野外观测设备，如指南针、防水手表、望远镜、巡护表格、GPS、数码相机、摄像机等。

③站点工作生活条件差：护林员住宿条件差，保护点用房年久失修或已成危房，保护站房间不够住或现住房没有卫生间、厨房及排污配套，缺少娱乐设施如篮球场、乒乓球场、书报刊等。

2）机关各单位方面。

①保护区局（处）机关办公设备不够：主要是工作用车不够；办公家具及办公器械配套不足，如缺少电脑，办公桌椅、档案柜、照相机、印刷机、传真机及办公自动化、资源管理、档案管理等计算机软件等。

②办公用房不足或简陋：部分保护区办公场所分散，动物救护、植物检疫、标本、档案储藏等用房缺乏。

③基础设施配套不完善导致：站点办公条件差使得站点日常办公不能正常开展，影响巡护组织开展和督促；巡护装备差使得野外巡护通信不畅，巡护费时费力、不安全，巡护方式简单，降低野外巡护工作质量和效率；站点工作生活条件差，职工不愿意在林区长期工作和生活，影响工作积极性；机关办公设备和办公用房不够，致使档案与资源数据管理缺失，信息沟通不畅，工作效率低等，造成机关办事效能低，影响生物多样性的保护。

（4）人员业务素质低。保护区的工作人员大多数是原林场的工人，加之又没有建立经常的培训制度和再教育制度，职工学习积极性不高，因此保护区人员文化程度普遍较低。近几年，虽然从大中专院校引进了部分人员，不过仍然缺少旅游管理、医学、动物学、环保学等方面的专业人员，人员专业结构单一。保护区现有工作人员对自然保护区管理、保护区法律和生物生态学、环境保护等业务知识不了解或掌握不多。巡护员缺少动植物识别、地图应用、避险急救、法律法规等基本常识，不熟悉数码相机、摄像机和定位仪等器具的使用方法。保护区相关人员的科学研究水平低，专业单一，也缺乏掌握野外监测观察和一些标本采集制作的技能。

保护区各项目保护区人员业务素质低导致监测、环境教育与自然保护、基础科学研究等工作难以开展或开展力度不强，也使得员工个人工作能力不强，主动性不强，效率低，质量比较差，影响保护管理成效。

（5）保护区与社区和相关利益体沟通不顺。林业系统保护区管理委员会是目前保护区与其他保护利益相关群体沟通的途径。现林区管理委员会的成员缺乏村委、村民或资源利用者如旅游、电站、矿产等经营者的参与，也缺乏与保护利益相关紧密的政府部门如旅游局、国土局、财政局、林业局参与。此外，林区管理委员会每年开一次会议，汇报讨论的主题以林区防火为主题，其他与社区发展、资源利用相关的内容涉及讨论的少，沟通以听会为主，方法单一，社区参与保护区管理的程度不高。

保护区与社区和相关利益体沟通不顺，导致保护区与利益相关者发生矛盾：一是因为相关企业和当地政府开发利用自然资源、旅游资源与保护区保护限制发生矛盾。二是居民利用保护区的生物、土地和水力等资源与保护区保护限制发生矛盾。三是保护区的野生动物危害社区农作物导致社区居民与保护区形成矛盾。这些矛盾的影响，一方面表现在对保护区资源利用不当，如改种经济林和用材林等人工林，加剧保护区"孤岛"效应；水电站在保护区内外筑坝拦水引水改变了原来河流的生境，割断与保护区的天然联系；追求规模发展旅游致使林地和环境都不同程度受到破坏影响。另一方面则表现在对保护区产生误解，增加保护区工作难度。

（6）缺少部分生物本底资料和社会经济资料。大部分保护区进行过科学综合考察，但重点保护的动植物和重要的植物群落的分布状态、数量情况等本底资料缺少掌握。此外，保护区对社会经济只进行过经济人口等二手资料的收集，尚未全面、系统地开展社会经济调查，社区与保护区的相互依赖关系缺少足够的资料以供社区管理工作需要。大大限制了保护区科学、有效和持续、深入地开展保护管理工作。

通过对广西林业系统保护区周边社区协调发展威胁与限制因素分析，得出两组因素影响由强到弱的排序结果。威胁因素：森林火灾隐患大、侵占林地、捕猎、过度放牧、砍伐林木、采集。限制因素：巡护安排不合理、管理制度不健全、基础设施不完善、人员业务素质低、保护区与社区沟通不顺、缺少部分生物本底资料和社会经济资料。并详细分

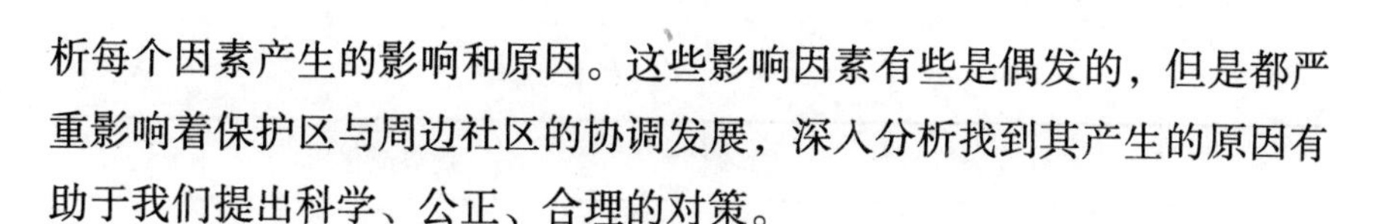

析每个因素产生的影响和原因。这些影响因素有些是偶发的，但是都严重影响着保护区与周边社区的协调发展，深入分析找到其产生的原因有助于我们提出科学、公正、合理的对策。

（二）自然保护区与周边社区协调发展对策

总的来说，保护区与社区的矛盾虽具有一定典型性，但也客观反映了林业系统保护区与周边社区发展现状及存在的矛盾。在对保护区保护对象目前面临的威胁因素和保护管理方面存在的限制因素进行分析评估后，为使保护区与周边社区协调可持续发展，我们根据以上分析给保护区管理部门提出以下对策：

1. 对社区进行保护及森林防火基础知识、技能培训

保护区火灾一般是由周边社区的集体林火灾引发的，除每年的防火季节对周边村民进行防火宣传和防火教育外，通过 GEF 等项目实施，在项目实施村里，有重点地对村民进行森林防火基础知识和防火技能培训，增加村民的防火知识和防火技能，使部分村民能达到防火半专业水平，在集体林发生火灾时，能及时地拉出人员扑救，减少保护区发生火灾隐患。因此，保护区管理部门提出一系列措施减少森林火灾隐患对保护区的威胁，并分析每项措施的优势和作用，具体对策见表 9-8。

表 9-8　减少“森林火灾隐患大”的对策

对策	优势或作用
到社区开展森林防火宣传	提高群众的防火意识
开展与地方政府合作的森林火灾联防工作	增强对集体山林火灾预防与扑救能力
建立巡护数据管理系统	收集火灾信息
建立科学的火灾管理办法	能提高火灾的预防预报与扑救管理能力
协调上级财政局林业局增加每年的防火经费	能保证森林防火工作常年有专项经费
增建（扩建）防火带	隔离集体林，避免引发火灾
增加和调配护林员	能加强火灾的巡查和预报，有生态补助资金支持

续表

对策	优势或作用
配备巡护和扑火装备	提高火灾野外巡查扑救的能力
培训森林消防队扑火技能	提高火灾扑救能力
增加防火宣传牌	公众可直接了解森林防火的重要性
增加防火标语	提高民众的防火意识
新建瞭望台	增加对火灾的监控点
封闭一些进山路口	减少进山人员的数量，减少火源
社区集体林地多种混交阔叶林	增加不易燃的林分，减少集体林发生火灾的机会
调查造册登记保护区内的坟墓及墓主	杜绝祭坟香火、鞭炮等火源

2. 正确引导周边社区居民对野生动物的认识，减少捕猎行为

采用专题形式，加强野生动物宣传教育，提高社区居民及社区的酒店保护野生动物的意识；对社区居民中的狩猎人群采取立册登记、开展收缴枪支等活动予以重点监督；已有的违反野生动物规定的交易行为要加大查处力度，详见表9-9。

表9-9 减少捕猎的对策

对策	优势或作用
与科研单位合作监测获取动物种群数量与分布的资料	监测能使巡护更有针对性
制作图册宣传保护野生动物	提高人们对野生动物的保护意识
正确引导村民对野生动物药用功能的认识	端正人们对野生动物的错误认识
开展野生动物与疾病传播科普教育	提高人们对食用野生动物潜在疾病的认识
对社区的酒（饭）店进行野生动物保护及法律宣传教育	提高人们对野生动物保护的意识
改变周边社区居民喜食（用）野生动物及制品的生活习惯	可使居民的生活减少或不再依赖狩猎获取野生动物

续表

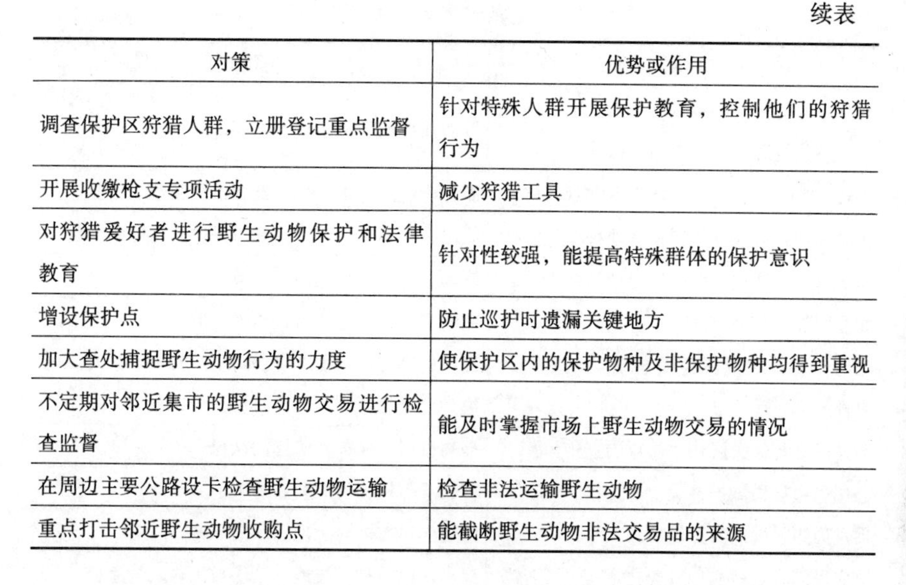

对策	优势或作用
调查保护区狩猎人群，立册登记重点监督	针对特殊人群开展保护教育，控制他们的狩猎行为
开展收缴枪支专项活动	减少狩猎工具
对狩猎爱好者进行野生动物保护和法律教育	针对性较强，能提高特殊群体的保护意识
增设保护点	防止巡护时遗漏关键地方
加大查处捕捉野生动物行为的力度	使保护区内的保护物种及非保护物种均得到重视
不定期对邻近集市的野生动物交易进行检查监督	能及时掌握市场上野生动物交易的情况
在周边主要公路设卡检查野生动物运输	检查非法运输野生动物
重点打击邻近野生动物收购点	能截断野生动物非法交易品的来源

3. 做好保护区内经济林地清理，加大爱林护林的宣传力度

对于保护区成立前种的经济林，保护区和经济林农户签订合同，承认农户拥有采收经济林的权利，但不能在林地内做出危害森林资源的活动，包括不能砍经济林、不能再毁林扩大面积、毁坏森林资源等，否则不论是否以占有为目的，都应定罪量刑，从重处罚。对于保护区成立后种的经济林，一律定为非法毁林开荒，实行惩办与教育相结合，使群众充分认识到毁林开荒是一种违法犯罪行为，毁林开荒将受到法律的严惩，以此有效地遏制毁林开荒现象发生。同时，加大爱林护林的宣传力度，提高人民群众爱林护林的自觉性。可通过广播、电视、报刊等有效途径进行广泛宣传护林的重要性及森林与人类的密切关系，使人民群众真正认识到森林是人类赖以生存的基础，爱林护林是全民的光荣义务，毁林是一种可耻行为，切实提高全民爱林护林的自觉性，具体对策详见表9-10。

4. 全面控制进保护区偷盗、挖药、采集野生菌类、野菜

加大宣传教育力度，规范入山管理，发展社区人工种植非木材林产品，创造其他经济收入来源，降低村民对野生非木材林产品的利用等对策来减少周边社区居民对保护区的采集威胁；管理部门采取一系列宣传、检查工作等措施来减少采集现象，详见表9-11。

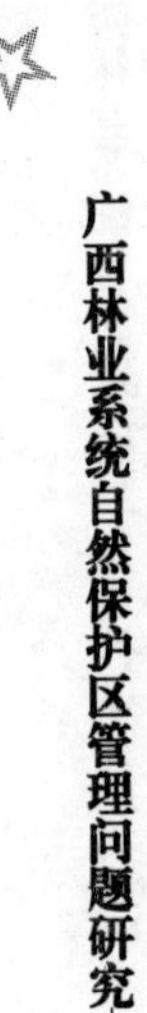

表 9－10　减少侵占林地的对策

对策	优势或作用
对保护区建立前种植的经济林进行造册登记，签约管理	可加强林地经营活动的管理，防止随意扩大
清理在保护区建立后侵占林地种植经济林	能防止经济苗木长大后毁林占地经营
没收在保护区建立后侵占林地种植经济林	能制止林地被扩大侵占和对保护区生境的干扰
依法查处违法侵占保护区土地的行为	能起到警戒的作用
设立明显的界桩界牌	能明确边界，防止盲目越界占地
出通告宣传边界界定与标志物的法律严肃性	提高村民对边界法律权威的认识，分清和认可边界
对村民进行保护区法律法规的宣传	提高村民对保护区法律的认识
聘用周边村民做护林员	有利于与村民沟通和改善关系
促进周边村民的劳务输出	减轻人口增多对土地需求的压力
给农民培训农村实用种养技术	提高村民的种养技能，增多村民收入的途径
调整各站点的管辖范围和护林员数量配置	能使巡护线路和人员安排更加合理
制定和完善护林员评聘巡护等管理制度	强化巡护工作管理，提高巡护效能

表 9－11　减少采集的对策

对策	优势或作用
宣传提倡人工培植或使用草药	减少对保护区草药的依赖
对检查站工作人员进行执法培训	提高检查站工作人员的执法检查进出保护区植物的能力
改变人们对野生菌类、野菜的食用习惯	减少对野菜的利用
与工商部门联合执法检查邻近市场中草药交易	减少受保护植物作为草药的市场交易
添置森林公安巡逻装备	提高对非法采集行为的打击
森林公安划片分区管辖，开展日常巡逻	增强派出所工作人员的责任和加强对采集行为的巡查和处理
明确检查站的职能和分管部门	发挥检查站的作用
新设检查点和配套检查设备	及时查处通过主要公路进出保护区的采集行为
增设保护点	阻止和减少进山人员，方便上山巡护
开展专项查处偷挖盗取小叶罗汉松行为的活动	制止采集罗汉松的行为
派出所和林政对保护区周边酒店不定期检查	查处非法采集林产品(蜂类\野笋\真菌)的交易

5. 加强森林资源管护

根据管护的难易程度布设护林员，不按村或面积平均分配；坚决打击各种破坏森林资源的违法犯罪活动，及时查处各种破坏森林的案件；加强保护站点及其周边农村基层组织机构能力建设；制订相应的管护制度、管护措施和相关的村规民约；保护现有的森林资源；认真解决项目村农民烧柴问题，减少燃料对天然林资源的破坏等措施来降低砍伐林木的威胁，详见表9－12。

表9－12 减少砍伐林木的对策

对策	优势或作用
重点开展矿区的森林法宣传	减少矿区砍伐林木的行为
加大森林法的宣传力度	提高对森林保护的意识
护林员应有执法权	能及时打击盗伐林木的行为
加强护林员出勤监督	提高巡护人员的积极性
加大打击盗砍林木的行为	制止砍林木的行为
对集体林地封山育林	增加村民的集体山林，减少对保护区林木的依赖
与当地林业部门整治周边非法木材收购加工点	打击非法所得木材的交易行为
引导居民生活使用电力电器	减少对保护区林木的依赖
与当地林业部门协调社区营造薪炭林	增加村民的集体山林，减少对保护区林木的依赖
建立保护小区	重点保护珍稀林木不受砍伐

6. 制定合理放牧计划，规范圈养牛群管理

实施规范圈养牛群管理，加强保护意识教育，提高自然资源保护意识，使村民自觉采取各户轮流看养的方式在集体林区放牧，避免牛群进入保护区。并通过示范村的方式，建围栏等设施，发展圈养，见表9－13。

7. 加强巡护装备，合理安排巡护线路

加强巡护装备及基础设施建设、增加护林人员等措施来解决巡护线路不合理问题，如表9－14所示。并依据不同的季节巡护，如3～4月重点巡查采药、偷挖苗木，10～12月重点巡查用火、狩猎、探挖矿。

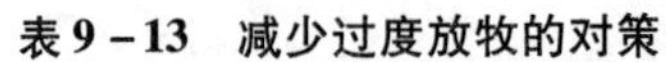

表9－13　减少过度放牧的对策

对策	优势或作用
种草	直接提供牲畜所需草料
圈养	减少放牧投工及牲畜对林地植被破坏
制定合理放牧的计划	合理利用植被资源、减轻放牧过度
合理规划土地资源利用	规划后能调剂出放牧用地
政府出面收回原放牧点	能提供集中放牧的场地

表9－14　解决巡护线路安排不合理的对策

对策	优势或作用
制定巡护计划	使巡护工作安排得更有针对性和连续性
增设护林点	扩大巡护面和增加巡护频度
调整各站点的管辖范围和护林员数量配置	合理调配人员和安排巡护工作
封闭一些进山路口及路段	减少进山路径，避免设置较多的巡护线路
增加护林员人数	确保要巡护的线路都有足够的人员安排
增加巡护摩托车	方便护林员上下山和远距离巡护
配备巡护马匹	提高巡护的效率

8. 完善保护区管理制度，建立规范化管理体制

保护区注重的主要是资源保护，而当地政府则侧重于社区利益和经济发展。因此，保护区应规范管理部门的管理体制，完善保护区内部管理法律规章制度来解决此问题，见表9－15。

表9－15　解决管理机制不健全的对策

对策	优势或作用
完善保护区内部管理规章制度	规范化管理
调整完善部门设置	避免部门设置重复，职能不分，工作相互推诿
增配人员	保证各站点护林员的人数符合巡护的需要和保护区专业工作的开展
编制保护区管理计划	使保护区有一个全局的具体可操作的中期工作计划，各项工作能承前启后
建立保护区合作管理机制	有利于保护区自然资源的整体保护

9. 大力加强基础设备设施配套措施

保护区为有效开展保护管理工作，应配备交通工具、监测设备、宣教设备、野外巡备；协助周边社区修路、架桥、架电、解决人畜饮水、修学校等。然而，农村交通是推动农村发展的基本条件，也是改善农民生产生活条件的有力保障。可坚持以政府投资为主，多渠道筹资的政策，争取政府部门的资金扶持，群众投工投劳的方式铺设水泥道路，完善路旁设施，由群众自发做好日常道路管理养护，详见表 9 - 16。

表 9 - 16　解决基础设施配套不完善的对策

对策	优势或作用
增设和维修无线通信基转台	保障林区信号灵通，对讲机使用得上
添加森林公安巡逻装备	保障森林公安正常开展业务
完善展馆标本和宣传设备	发挥展馆的宣传教育功能
配备科研人员野外工作装备	满足远距离巡护需要
为护林员配置野外巡护套装设备	保障护林员人身安全
为保护站（点）配置巡护与监测设备	保障站点正常工作
新建保护站办公室	保障站点正常工作
增设保护点	改善护林员的工作生活环境
添置办公设备	改善办公条件

10. 加强培训，提高人员业务素质

保护区管理局员工接受的培训表现为局级领导、技术人员参加的培训机会比较多，工人比较少；培训内容在林业技术和防火方面的多。要解决人员业务素质低就得增加技术人员数量；提高从业人员文化程度和业务素质；加强管理和组织、旅游等方面的培训等，提高整体能力和办事效率，见表 9 - 17。

表 9 - 17　解决人员业务素质低的对策

对策	优势或作用
护林员岗位培训	提高巡护人员的业务水平

续表

对策	优势或作用
决策者（高级管理人员）岗位培训	提高决策者的高级管理水平
林政和森林警察岗位培训	提高执法水平
中级管理人员培训	提高中层管理者以上人员的管理能力
社区工作人员岗位管理培训	提高社区工作人员的工作能力
保护区卫生所医务人员急救医学培训	提高医务工作者的业务水平
生态旅游管理及多种经营岗位培训	提高旅游及多种经营管理能力
森林防火岗位培训	提高对火灾的应对能力
新进员工上岗培训	了解熟悉保护区情况
科研工作人员岗位培训	能提高研究能力
行政、数据管理和档案岗位培训	促进保护区行政档案等管理规范化
建立常年培训与继续再教育的机制	保障职工经常性学习业务
提高管理和研究人员学历	较快提高业务水平

11. 成立保护区与社区的共管委员会，共同组织开展其他项目的社区工作

以保护区工作人员牵头，组成实施项目的共管委员会，通过实施项目，提高村民的保护意识，调动村民参加保护区的保护积极性，增强保护区的管护能力。另外，通过实施 GEF 等项目，加强保护区与社区的联系，建立沟通机制，在村里建立半专业的护林员，工作内容包括防火、反偷猎、反盗伐等，形成社区与保护区的联防组织。

此外，还可通过实施 GEF 等项目，加强对村民进行农、林、牧、副业的技术培训，聘请有关专家来村里进行实地培训或者派代表去培训，使村民掌握先进的农、林、牧、副业技能，同时帮助引进先进的品种，寻找销售渠道，实现多门路致富，实现村民增收，减少村民对保护区的依赖，具体对策见表 9－18。

12. 加强科学研究，增加生物本底资料和社会经济资料

保护区在生物本底调查、资源动态监测、保护管理方法和手段等方面与有关科研、教学、规划设计等部门都曾有过合作与交流，不仅取得了一批成果，而且提高了保护区自身能力建设并对人才培养方面有促进作用。加强保护区科学研究提供满足保护管理需要的基础资料，在保护区

表 9-18 解决保护区与社区沟通不顺的对策

对策	优势或作用
调整现有林区管理委员会人员的组成，制定职责	让更多的利益相关者参与保护区管理
示范自然屯优先成立保护协调委员会(CCC)	让社区居民参与保护区管理
制定社区参与保护的激励机制	让社区居民有参与保护区管理的动力
宣传自然保护区知识	提高社区居民对保护区的认识
扶持和促进社区经济林的生产	提高社区经济林的单位面积产量，改变广种薄收的经营方式
聘用周边村民做护林员	提高弱势群体的经济收入
利用项目种子资金扶持项目村开展替代性生计活动	给社区居民增加收入，减少对自然资源利用的依赖
预防野生动物对附近居民庄稼的危害和制定补偿办法	协调与社区居民的关系
开展当地社区成员的培训	提高村民管理自然资源的能力和生产技能
协调县、镇政府加快社区扶贫和新农村建设	发挥地方政府的主导作用

尚未设立固定样地（线、带）对生物多样性进行监测，开展对管理效果和社区发展活动对保护区影响的监测和评估，详见表 9-19。

表 9-19 解决缺少部分生物本底资料和社会经济资料的对策

对策	优势或作用
编制保护区科学研究计划	确定科研工作的中长期计划
与科研单位合作监测获取野生动物种群数量与分布的资料	取得濒危物种的基础信息
建立资源管理数据库，制作生态本底图	长期系统地保存工作信息
结合巡护设置动物监测样线和进行监测	及时取得动物变化的信息
设置样地监测珍稀树种数量的变化	及时取得珍稀树种数量变化的信息
定期监测旅游区大气、水体质量	及时取得旅游区环境的变化信息

续表

对策	优势或作用
调查建立旅游区内珍稀植物档案和挂牌管理	便于管理旅游区珍贵植物
开展保护区外来（非本区）物种监测	及时掌握外来（非本区）物种的扩散影响
对周边社区经济状况变化开展监测	及时掌握社区经济的变化
项目实施对保护区管理影响效果评估	及时调整项目
项目日常管理监测	促进项目开展

第十章

自然保护区周边社区居民对保护区依赖与态度的关系研究

自然保护区周边社区居民对保护区依赖情况和态度之间关系的研究文献很少，通过对中国期刊全文数据库检索，相关研究最早见于潘辉、乐通潮等研究漳江口红树林国家级自然保护区社区经济对红树林的依赖度，以及村民对红树林保护区的看法，认为周边村落经济对红树林保护区资源的依赖程度高，村民的经济直接受保护区的政策影响。朱世兵等对古林箐自然保护区居民保护意识作了调查，认为居民对保护区的重点保护对象及保护区与自己生存关系密切的问卷内容认知率较高，对环境保护、保护区功能、生物多样性和生态旅游有关知识及法律法规问卷认知率较低，当地吃野生动物及其产品利用现象普遍等。严圣华等对九宫山自然保护区社区居民进行了态度的调查，结果表明大多数居民对保护区持支持态度，居民普遍对保护区改善当地基础设施持积极态度，其中受教育程度高、曾经到保护区务工的农户对保护区支持度较高[3]。杨佳等通过对陕西太白山自然保护区周边群众进行随机问卷调查以及半结构访谈，认为太白山保护区周边群众性别和文化程度是影响其观念和态度取向的最重要方面，其总体趋势是积极态度占主导地位。秦静等对白水江国家级自然保护区进行个案研究，认为影响林缘社区森林依赖度的因素中，人均收入与森林依赖度的灰色关联最大，大部分村民的生计来源于盗伐木材而且多数发生在核心区，核心区边缘的人口越多，对保护区森林的依赖度越大，社区距离核心区越近，对森林依赖度越大。当前的研究文献均是个案研究，受数据来源单一和分析方法的局限，国内学术

界对自然保护区周边社区居民对保护区的态度和依赖情况的认识仍然极其有限。在此，我们基于保护区周边社区居民的大规模实地调查，研究居民对保护区依赖情况和态度的关系将在一定程度上弥补目前研究的不足。

一、自然保护区周边社区居民特点

根据采集到的基础资料、调查问卷和访谈，归纳总结出广西林业系统自然保护区周边社区居民的基本情况（见表 10－1）。

根据表 10－1 中的数据可以发现广西林业系统自然保护区周边社区居民具有以下几个特点：

表 10－1　自然保护区周边社区居民的基本情况

变量	变量指标	有效（%）	累计（%）
性别	男	73.7	73.7
	女	26.3	100.0
婚姻状况	已婚	85.0	85.0
	未婚	15.0	100.0
年龄	17 岁以下（包括 17 岁）	2.8	2.8
	18～24 岁	11.9	14.7
	25～34 岁	22.4	37.1
	35～44 岁	28.0	65.1
	45～54 岁	21.6	86.7
	55～64 岁	10.4	97.0
	65 岁以上（包括 65 岁）	3.0	100.0
受教育程度	文盲	6.3	6.3
	小学	31.2	37.5
	初中	42.6	80.1
	中专	6.8	86.9
	高中	7.4	94.3
	大专	3.4	97.7
	本科及以上	2.1	99.8
	其他	0.2	100.0

续表

变量	变量指标	有效（%）	累计（%）
家庭经济地位	下等	4.7	4.7
	中下	23.0	27.7
	中等	53.7	81.4
	中上	16.3	97.7
	上等	2.3	100.0

（1）社区家庭以男性占主导地位。在接受调查的自然保护区周边社区居民中有73.7%为男性，而只有26.3%接受调查的居民是女性，这表明在自然保护区周边社区的家庭中是以男性为主导地位，一个家庭的大小事情基本上都是由男性出面处理，女性在家里属于从属地位，在半结构式访谈中也可以看出这一点。在进行入户访谈时，只要有男性在家的家庭一般由男性出面接受访问，女性一般不接受访谈。而在接受调查的社区居民中有85%的人已婚，这表明自然保护区周边社区存在一定的早婚现象。

（2）社区居民受教育程度偏低。文化素质低已经成为自然保护区周边社区发展所面临的一大问题。在接受调查的社区居民中，80.1%的人只具有初中及以下学历，其中以初中学历的42.6%为最多，其次为小学学历的31.2%，在接受调查的社区居民中还有6.3%是文盲，而仅有7.4%的人具有高中学历、3.4%的人具有中专学历以及2.1%的人具有本科及以上学历。由于受教育程度总体较低，对自然保护区周边社区的发展带来很大限制，居民接受新技术、新知识的能力有限，不利于社区的可持续发展。

（3）社区居民家庭经济收入较低。自然保护区周边社区的经济发展对自然保护区的可持续发展具有重要作用，只有保护区周边社区的经济得到了发展，居民的生活水平得到了提高，对自然保护区的依赖程度才会减轻，社区居民才能更好地参与到自然保护区的保护工作中。在接受调查的社区居民中，有81.4%的人认为他们的家庭经济地位在当地处于中等及以下，这表明了广西林业系统自然保护区周边社区的总体经济水平偏低，居民对自身的经济生活状况不是很满意。

二、自然保护区周边社区居民对保护区依赖与态度的关系

为了尽可能收集社区居民对保护区依赖情况的真实数据，在收集当地居民对保护区依赖情况看法的同时，收集其所在家庭对保护区依赖情况的看法，通过“当地生产对保护区的依赖性很强（Dep1）”、“您所在家庭生产对保护区的依赖性很强（Dep2）”、“当地家庭木材需要对保护区的依赖性很强（Dep3）”、“您所在家庭木材需要对保护区的依赖性很强（Dep4）”、“当地家庭燃料对保护区的依赖性很强（Dep5）”、“您所在家庭燃料对保护区的依赖性很强（Dep6）”、“当地家庭对野果、蘑菇、草药等林副产品的需求对保护区依赖性很强（Dep7）”、“您所在家庭对野果、蘑菇、草药等林副产品的需求对保护区依赖性很强（Dep8）”、“当地家庭经常到保护区放牧（Dep9）”、“您所在家庭经常到保护区放牧（Dep10）”共10个指标，了解保护区周边社区居民对保护区的依赖情况。10个指标均采用李科特尺度评价被调查者对表述的认可情况，用1~5分别代表“完全不同意”、“不同意”、“中立”、“同意”、“完全同意”。保护区周边社区居民对保护区存在态度分别用1表示“反对”、2表示“中立”、3表示“支持”。

（一）社区居民对保护区依赖情况

当地社区居民对保护区的依赖情况及受访者所在家庭对保护区的依赖情况见表10-2。从总体上看，就当地社区对保护区依赖情况的看法与就自己所在家庭对保护区的依赖情况的看法平均值的差值在0.02~0.12，可以认为社区居民对保护区依赖情况的看法是客观的。如对于生产方面对保护区的依赖，两者平均值分别为2.75和2.65，相差仅为0.10。因此单独考察保护区社区居民就当地家庭对保护区依赖情况的看法或就自己所在家庭对保护区依赖情况的看法均能反映出社区居民对保护区的依赖情况。目前保护区周边社区居民对保护区在生产、燃料提供、木材、放牧、采集林副产品等方面的依赖性依次减弱。如“当地家庭生产对保护区依赖很强”这一表述持正面看法的占35%，而“当地村民经常到保护区采摘野果、挖草药等资源”这一表述持正面看法的仅占7.5%。

表 10－2　社区居民对保护区依赖情况

依赖情况		1（%）	2（%）	3（%）	4（%）	5（%）	平均值	排序	差值
生产	Dep1	29.8	21.2	14.0	13.8	21.2	2.75	1	0.10
	Dep2	33.0	21.4	13.2	12.5	19.9	2.65		
木材	Dep3	68.7	13.0	6.0	6.7	5.6	1.68	3	0.02
	Dep4	70.2	11.9	6.0	5.6	6.3	1.66		
燃料	Dep5	52.8	14.5	6.9	15.0	10.7	2.16	2	0.07
	Dep6	57.0	13.0	5.4	13.6	11.0	2.09		
林副产品	Dep7	74.7	11.8	6.0	4.4	3.1	1.50	5	0.11
	Dep8	79.7	10.0	4.2	3.3	2.7	1.39		
放牧	Dep9	72.4	8.7	4.5	8.7	5.6	1.66	4	0.12
	Dep10	77.4	7.2	3.4	8.3	3.8	1.54		

（二）社区居民对保护区态度分析

在已有的相关研究中，严圣华（2007）对九宫山社区居民对保护区态度进行了相关的调查。严圣华与本书的研究结果见表 10－3。对相关态度相关数据与现有的研究进行总体分布的卡方检验，结果显示卡方统计量为 17.421，其对应的相伴概率值为 0.000，小于显著性水平 0.05，因此认为广西林业系统自然保护区社区居民对保护区态度与九宫山社区居民态度有显著差异。

表 10－3　社区居民对保护区态度的卡方检验

态度	反对	中立	支持	P 值
本书	11.5%	17.9%	70.6%	0.000
严圣华文	8.1%	25.4%	66.5%	

被调查的 11 个保护区社区居民对保护区的态度进行百分比统计分析和一维方差分析，各保护区社区居民对保护区态度详见表 10－4，百分比统计显示春秀、底定、弄岗等保护区的支持率较高，而木论、滑水冲支持率较低，一维方差分析显示，T 统计量的相伴概率值为 0.000，小于显著性水平 0.05，因此认为被调查的 11 个保护区社区居民对保护

区态度存在显著差异。

表 10-4 不同保护区周边社区居民对保护区态度

态度	古龙	地州	底定	滑水冲	姑婆山	十万大山	白头叶猴	春秀	弄岗	木论	九万山
反对	20.0	12.5	—	22.7	5.9	12.7	21.9	2.7	3.8	43.2	—
中立	—	8.3	16.7	27.3	32.4	16.5	15.6	6.8	15.4	40.5	24.1
支持	80.0	79.2	83.3	50.0	61.8	70.9	62.5	90.5	80.8	16.2	75.9

通过对已有社区居民对保护区态度研究成果与本书调查的对比研究及本次调研 11 个保护区间的对比研究表明，不同保护区其周边社区居民对保护区的态度是不一致的，因此在保护区态度的研究方面，在总体情况研究的基础上，应该注重个案研究。

（三）社区居民对保护区态度与对保护区依赖度相关性分析

衡量社区居民态度和居民对保护区依赖情况的指标为顺序水准变量，通过计算 Spearman 等级相关系数能反映出变量间的相互关系。被调查社区居民对保护区的态度及其所在家庭对保护区的依赖情况的相关性分析结果见表 10-5。结果表明，社区居民对保护区的态度与 Dep4、Dep6、Dep8、Dep10 呈现出明显的线性相关性，与 Dep2 的统计关系较弱，其中 Dep4、Dep6、Dep8、Dep10 均反映出社区居民对保护区资源的直接依赖情况，而 Dep2 反映出保护区建立后为周边社区农业生产提供了充足的水源、加强基础设施建设方面为农业生产提供了间接的支持。

表 10-5 社区居民对保护区态度与对保护区依赖情况的相关性

项目	Dep2	Dep4	Dep6	Dep8	Dep10	态度
Dep2	1.000	0.217(**)	0.234(**)	0.055	0.012	0.010
Dep4	0.217(**)	1.000	0.507(**)	0.328(**)	0.274(**)	-0.251(**)
Dep6	0.234(**)	0.507(**)	1.000	0.282(**)	0.305(**)	-0.201(**)
Dep8	0.055	0.328(**)	0.282(**)	1.000	0.228(**)	-0.173(**)
Dep10	0.012	0.274(**)	0.305(**)	0.228(**)	1.000	-0.164(**)
态度	0.010	-0.251(**)	-0.201(**)	-0.173(**)	-0.164(**)	1.000

注：** 显著性水平 0.01，双尾检验。

就态度对 Dep2、Dep4、Dep6、Dep8、Dep10 五项受访者家庭对保护区依赖评价指标进行一维方差检验，虽然居民对保护区态度不一，其对“您所在家庭生产对保护区的依赖性强”的看法是一致的，但对评价直接依赖度的指标显示出明显的差异，差异具体数据参见表10－6。被调查社区居民对保护区持反对、中立、支持的群体对“您所在家庭所需木材对保护区依赖性强”这一表述持正面看法的比例分别是 31.3%、10.2%、9.0%，持负面看法的比例分别是 64.7%、76.0%、87.1%，说明社区居民所在家庭对保护区的依赖度越高，则其持反对态度可能性越大。被调查社区居民对保护区态度持反对、中立、支持的群体对“您所在家庭燃料对保护区依赖性强”这一表述持正面看法的比例分别是 47.1%、25.4%、20.4%，持负面看法的比例分别是 49.0%、65.9%、75.1%，说明社区居民所在家庭燃料对保护区的依赖度越高，则其持反对态度可能性越大。居民对保护区态度持反对、中立、支持的群体对“您所在家庭对野果、蘑菇、草药等林副产品的需求对保护区依赖性强”这一表述持正面看法的比例分别是 19.6%、3.8%、4.5%，持负面看法的比例分别是 74.5%、92.4%、91.2%，说明社区居民所在家庭林副产品的需求对保护区的依赖度越高，则其持反对态度可能性越大。被调查社区居民对保护区态度持反对、中立、支持的群体对“所在家庭放牧对保护区依赖性强”这一表述持正面看法的比例分别是 26.0%、12.7%、9.0%，持负面看法的比例分别是 68.0%、83.5%、88.1%，说明社区居民所在家庭放牧对保护区的依赖度越高，则其持反对态度可能性越大。因此，保护区社区居民对保护区木材、燃料、林副产品等的需求状况是影响其对保护区态度的重要因素，随着居民对保护区森林资源直接依赖程度的降低，其对保护区的态度将越积极。

表 10－6　对保护区持不同态度的居民对保护区森林资源的直接依赖情况

态度	对保护区木材的依赖情况						对保护区燃料的依赖情况					
	1	2	3	4	5	P值	1	2	3	4	5	P值
反对	49.0	15.7	3.9	7.8	23.5	0.000	33.3	15.7	3.9	25.5	21.6	0.000
中立	57.0	19.0	13.9	5.1	5.1		49.4	16.5	8.9	16.5	8.9	
支持	77.8	9.3	3.9	5.5	3.5		63.8	11.3	4.5	10.7	9.7	

续表

态度	对保护区林副产品的依赖情况						放牧对保护区的依赖情况					
	1	2	3	4	5	P值	1	2	3	4	5	P值
反对	56.9	17.6	5.9	5.9	13.7		58.0	10.0	6.0	14.0	12.0	
中立	79.7	12.7	3.8	1.3	2.5	0.000	75.9	7.6	3.8	12.7	—	0.000
支持	83.5	7.7	4.2	3.5	1.0		82.0	6.1	2.9	5.8	3.2	

三、结论与建议

自然保护区周边社区对保护区依赖评价与受访者所在家庭对保护区的依赖度的评价对比，所有数据没有显示出明显的偏差，因此反映出社区居民能够客观地评价其对保护区的依赖程度。总的来看，社区居民对保护区的依赖度的评价级度在1.37～2.75，因此其依赖程度并不是很高，保护区周边社区居民对保护区在生产、燃料提供、木材、放牧、采集林副产品等方面的依赖性依次减弱，总的表现为对保护区的间接依赖相对较强，而对保护区资源的直接依赖相对较弱。目前保护区周边社区居民普遍支持保护区的存在，但不同的保护区其支持情况显示出明显的差异性。保护区周边社区居民对保护区资源的直接依赖度呈现出明显的负相关关系，即随着社区居民对保护区木材、燃料、林副产品等森林资源直接依赖程度的降低，其对保护区的态度将越积极。

（1）保护区的持续健康发展需得到保护区所在区域内居民的支持，增进保护区与周边社区和谐发展。建议加强对自然保护区周边社区的基础建设，只有基础设施建设上了台阶，社区居民在保护区外的发展空间才会更大，减少对保护区的依赖才具备良好的基础。

（2）当地政府和保护区管理部门要统筹安排，帮助和推动社区经济的发展，以非依赖保护区资源的经济为保护区社区经济发展的取向，如保护区可从社区招聘护林员，开展了生态旅游的保护区可从周边社区招聘服务管理人员等，并通过生态旅游业推动当地社区经济的发展，改变当地居民对保护区资源传统依赖的生活与生产方式。

（3）结合国内和国际有关自然保护区的各项基金，采取由政府主导，保护区协助的方式，鼓励社区居民发展对保护区资源依赖少的循环生态经济。当前世界环境基金（GEF）已在广西弄岗、大明山、猫儿山、木论等多个保护区开始了实践，得到了当地社区居民的积极参与和广泛支持，取得了良好的效果，其他保护区要从其成功经验中探索适合自身发展的社区与保护区协调发展模式。此外，在处理保护区与居民关系时，要区别对待。我国许多自然保护区，包括国家级自然保护区，尤其是省级、市县级的大多数自然保护区的内部，甚至核心区都有社区居民，在研究中要分别对待，即内部社区居民与周边社区居民要分别进行研究和对比研究，要有针对性地帮助这些弱势群体改变生活条件和生活方式，这才是自然保护区与社区协调发展的关键所在。在进行自然保护区社区居民的相关研究中尤其要注重个案研究，即保护区既有它的共性，更有它的特殊性，所以个案研究是未来自然保护区研究的重点领域。

第十一章

广西自然保护区周边社区民生问题调查研究

在我国现代化发展过程中，由于农村社会发展相对滞后，城乡发展差距逐步加大，当前我国农民的民生问题被摆在更加突出的位置，由此引发了全社会对农村民生建设的广泛关注和高度重视。十七大报告指出，必须在经济发展的基础上，更加注重社会建设，着力保障和改善民生，努力使全体人民学有所教、劳有所得、病有所医、老有所养、住有所居，推动建设和谐社会。今后我国国民经济和社会发展重点应该突出“三农”问题和改善民生的问题，民生的问题应该重点放在农村，改善民生的重点要放到革命老区、少数民族地区、贫困地区、边境地区[49]。广西相当一部分自然保护区位于少数民族地区，这些地方大多位置偏远，工农业基础薄弱，社会结构和社会政策两方面导致了自然保护区周边社区居民经济贫困、人文贫困和知识贫困，少数民族民生困苦，“靠山吃山、靠水吃水”的现象极其普遍，对当地的自然保护区发展威胁很大。

对于自然保护区内部及周边地区的社区，其生存和发展对自然资源的依赖强，但保护区的存在制约社区居民对自然资源的利用，群众的生产生活范围受到一定程度的影响和限制。目前，尽管自然保护区周边社区普遍对区域生态发展作出了贡献，但社区经济发展水平总体低于当地经济发展水平，并还存在诸多其他类型的民生问题。在自然保护区现行的管理中，社区居民的基本生存和生活问题、基本发展机会、基本发展能力和基本权益等问题并没有得到足够的重视，资源保护与社区居民生存、发展之间矛盾依然普遍存在。关注广西自然保护区周边社区民生问题，妥善处理保护区发展与当地经济建设和居民生产、生活的关系，为制定保障居民生存、生活和发展的权利的政策和行动方案提供现实基础，有利于促进自然保护区与周边社区和谐发展，也是保障自然保护区健康发展迫切需要解决的现实问题。

民生问题既是经济问题，也是文化问题，同时也是政治问题，民生问题与社会经济的发展阶段密切相关。对广西自然保护区周边社区民生问题的调查研究分两阶段进行。第一，对民生问题的识别，及限制自然保护区周边社区居民发展的因素，主要采用实地走访法和参与式农村评估方法（PRA）。第二，对民生问题及限制因素的调查，主要采用问卷调查法。

一、广西自然保护区周边社区民生问题的识别

广西自然保护区周边社区民生问题的识别主要采用实地走访法和参与式农村评估方法（PRA），以全面了解社区居民民生关注的重点。我们调查人员对广西区内11个自然保护区，包括十万大山、九万山、弄岗、木论共4个国家级自然保护区，崇左白头叶猴、底定、滑水冲、姑婆山共4个自治区级自然保护区，地州、古龙、春秀共3个县级自然保护区周边社区进行了实地走访，对民生问题的研究得出了比较统一的认识。

（1）社区民生问题与社区社会经济状况、资源利用状况密切相关，主要表现为居民在生产生活中面临的主要问题。

（2）社区民生问题关系到居民的切身利益，当地人有自己的看法，因此要把发言权、分析权、决策权交给当地居民，外来调查人员的知识、信息等只起辅助作用，要利用当地人的聪明才智解决当地的发展问题。

（3）与社区居民对话和信息交流，鼓励当地人的广泛参与，促使当地人不断加强对自身与社区以及环境条件的理解，有利于制定出更加切合当地实际情况的解决发展问题的对策，并付诸实施。

在PRA调研时主要采用半结构访谈，选择大明山国家级自然保护区、龙虎山自治区级自然保护区、银殿山自治区级自然保护区周边代

表性社区进行，地点选择村屯中比较宽敞的场所，邀请留守村民代表参与，积极发表个人看法，问题围绕社区的社会经济状况，如居民生计来源、家庭收支、社区公共设施；社区资源利用状况，如田地利用、集体林利用、居民的采摘、打猎、放牧行为；社区存在的主要问题。

针对收集到的居民生产生活中最关注的问题，并结合自然保护区实际情况，共选择了18项民生评价指标，民生满意度评价指标：生计底线（F19），居民的基本发展机会和发展能力（F20），社会福利（F21）以及社区居民对当地生活总体满意度（F22）共4项指标进行问卷调查。18项民生评价指标分别为：我家全年粮食够吃（F1），我家用电有保障（F2），我家全年能喝上清洁饮用水（F3），我家牲畜饮水有保障（F4），我家日常生活能源有保障（F5），我们所在屯看病方便（F6），我们所在屯小孩上学方便（F7），我们所在屯环境卫生较好（F8），我们屯交通便利（F9），我们屯娱乐活动丰富多彩（F10），我家田地灌溉不缺水（F11），我家农田全年耕种（F12），我家山林以经济林为主（F13），我家还有荒山（F14），我家以农业生产为主（F15），我掌握农业生产外其他赚钱门路（F16），我掌握了农业新技术（F17），我家庄稼受到野生动物破坏（F18）。通过随机抽查自然保护区周边社区成年居民对上述22项指标的看法，指标的量化采用李科特五点尺度，分别以1~5表示“完全不同意、不同意、中立、同意、完全同意”。调查中采用一对一指导填写并回收，其中对不识字员工的调查，是通过一问一答的形式，将问卷问题转化为他们所理解的信息，由他们自由回答，再由调查人员记录而成。对收集到的有效数据采用SPSS17.0进行统计分析。

二、自然保护区周边社区民生问题分类

对影响自然保护区周边社区居民民生的18个指标进行巴特利球度检验，Bartlett值为153，其对应的相伴概率值为0.000，小于显著性水平0.05，进行KMO检验，KMO值为0.713，适合作因子分析。以18指标为变量进行因子分析，利用主成分分析方法，提取特征值超过1的因

子，采用方差极大法作因子旋转。结果显示6个公共因子可以描述原变量总方差的61.45%（见表11-1）。

表11-1　影响民生指标主成分分析因子旋转结果

公共因子	1	2	3	4	5	6
特征值	2.62	2.45	1.84	1.49	1.49	1.18
方差贡献率%	14.59	13.60	10.20	8.27	8.26	6.53
累积方差贡献率%	14.59	28.19	38.39	46.66	54.92	61.45

基于因子变量的最大载荷，公共因子尽量反映包含因子的内容对公共因子命名。第一个公共因子包括五个变量：我们所在屯看病方便（F6），我们所在屯小孩上学方便（F7），我们所在屯环境卫生较好（F8），我们屯交通便利（F9），我掌握了农业新技术（F17），反映了社区居民可持续生存的需要，命名为"社区居民的发展需求"。第二个公共因子包括四个变量：我家全年粮食够吃（F1），我家用电有保障（F2），我家日常生活能源有保障（F5），我们屯娱乐活动丰富多彩（F10），反映了社区居民生存的基本需求，命名为"社区居民的生存基本需求"。第三个公共因子包括三个变量：我家全年能喝上清洁饮用水（F3），我家牲畜饮水有保障（F4），我家田地灌溉不缺水（F11），反映了社区居民生产生活中对水的需求，命名为"社区对水的需求"。第四个公共因子包括两个变量：我家以农业生产为主（F15），我掌握农业生产外其他赚钱门路（F16），反映了社区居民经济来源情况，命名为"社区居民经济来源"。第五个公共因子包括三个变量：我家农田全年耕种（F12），我家还有荒山（F14），我家庄稼受到野生动物破坏（F18），反映了社区居民的田地状况，命名为"社区居民耕种状况"。第六个公共因子包括一个变量：我家山林以经济林为主（F13），直接命名为"社区居民的经济林"（具体情况见表11-2）。

表 11-2 影响民生指标因子分析的因子旋转结果

指标	公共因子					
	1	2	3	4	5	6
F1		0.705				
F2		0.772				
F3			0.758			
F4			0.669			
F5		0.706				
F6	0.782					
F7	0.720					
F8	0.574					
F9	0.713					
F10		-0.653				
F11			0.704			
F12					0.682	
F13						0.831
F14					-0.516	
F15				-0.811		
F16				0.692		
F17	0.660					
F18					0.635	

三、自然保护区周边社区居民问题

（一）民生指标评价分析

要解决人的生存问题至少要考虑穿衣、吃饭、住宿、空闲时间的利用问题。对反映社区居民生存基本需求的 F1、F2、F5、F10，其平均值分别为 4.21、4.63、4.27、1.54，表明自然保护区周边社区居民的简单的生存并不是主要问题，但仍有近 10% 的受访者表示现在全年粮食不够吃，有 12.1% 认为现有能源不够用，更有 87.1% 认为日常生活中的娱乐较少。

而社区居民可持续生存涉及的 F6、F7、F8、F9、F17，其平均值分别为：2.39、2.23、3.02、2.87、2.09，即社区居民总体处于不可持续发展状态，看病不方便，小孩子上学不方便、环境卫生差、交通不便严重制约了社区的发展。社区居民对水的需求主要集中在人畜饮水、生产用水方面，居民对“全年能喝上清洁饮用水”、“牲畜饮水有保障”、“田地灌溉不缺水”评价的平均值分别为3.50、4.02、2.90，总体上看，社区居民的用水需求并没有得到满足，受访者中29.2%认为生活饮用水存在困难，49.2%认为田地灌溉都成问题。自然保护区周边社区以典型的农业社区为主，居民仍以农业生产为主，70.0%受访社区居民认为自己家庭仍以农业生产为主，仅有24.8%认为自己掌握了农业生产以外的其他赚钱门路。在不同的季节，社区居民都尽可能地将能耕种的田地种上农作物，对划分到户的林地，居民进行合理利用，很少有荒山存在。由于社区土地与自然保护区接壤，随着保护成效逐步显现，保护区内野生动物增多，经常出现动物破坏周边社区庄稼的现象。自然保护区周边社区一般均有面积较大的集体林，划分到户的林地有可能种植经济林，但实际上社区居民种植经济林的比例较低，受访者中仅有38.2%种植经济林，具体情况见表11－3。

表11－3　社区居民对影响民生指标的认知评价

指标	1（%）	2（%）	3（%）	4（%）	5（%）	平均值	标准差
F1	6.6	5.6	12.2	11.0	64.6	4.21	1.243
F2	0.6	2.2	9.1	10.0	78.1	4.63	0.790
F3	17.6	11.6	15.4	14.4	41.1	3.50	1.538
F4	6.2	9.9	14.5	14.1	55.3	4.02	1.288
F5	5.1	7.0	8.6	14.0	65.3	4.27	1.186
F6	43.8	15.8	13.6	10.7	16.1	2.39	1.518
F7	48.3	15.5	13.2	11.0	12.0	2.23	1.445
F8	17.2	19.7	27.0	15.7	20.4	3.02	1.365
F9	34.8	11.9	13.8	10.0	29.5	2.87	1.668
F10	69.1	18.0	6.6	2.8	3.5	1.54	0.985
F11	32.2	17.2	10.2	9.6	30.9	2.90	1.670
F12	7.9	4.7	10.1	11.7	65.5	4.22	1.271

续表

指标	1（%）	2（%）	3（%）	4（%）	5（%）	平均值	标准差
F13	33.3	7.5	20.9	8.5	29.7	2.94	1.639
F14	68.3	4.2	7.4	7.7	12.5	1.92	1.480
F15	14.7	6.3	9.1	8.2	61.8	3.96	1.514
F16	50.0	10.1	15.1	16.0	8.8	2.24	1.427
F17	57.7	9.1	12.6	7.3	13.2	2.09	1.478
F18	14.2	3.1	10.7	14.8	57.2	3.98	1.444

（二）自然保护区周边社区居民民生满意度评价分析

从民生的层次上看，民生问题包括居民基本生计状态的底线居民基本的发展机会和发展能力—居民基本生存线以上的社会福利状况，其实现过程由低到高，呈现出一种递进状态。受访居民对“社区居民生存不成问题”、“社区居民有较好的发展机会”、“社区居民社会福利较好”三个层面的民生评价平均值分别为3.75、2.57、2.79。社区居民对民生层次直接评价结果与通过指标对民生评价的结果基本一致，即生活在自然保护区周边社区居民的生计底线能得到保障。从总体上看，虽然保护区周边社区居民的生存已不是主要问题，但居民的生存质量不容乐观，虽有57.1%受访者认可生存已不成问题，但仍有14.5%明确表示生存还有问题，另有28.4%认为生存仅处于过得去。对于社区居民的发展机会，仅有21.6%受访者认可发展机会较好，有49.3%表示当地没有发展机会，主要受教育落后、交通落后、农业技术缺乏、赚钱门路少等的综合影响，社区居民发展机会少，缺乏可持续发展能力。对于社会福利，社区居民大多还处于考虑生存状态，在访谈阶段及利用开放式问题调查，均鲜有提及。受访者认为当地的社会福利处于一般水平，受益群体仅涉及五保户、军属等少数群体，分别有41.4%受访者认为社区社会福利差。对于社区民生总体状态看法，社区居民对当地生活满意度调查显示，35.9%受访者认为对当地的生活感到满意，而有33.7%对当地的生活感到不满意，具体数据见表11－4。

（三）民生评价指标与提高民生满意度的相关分析

为了解民生评价指标与民生满意度指标之间的关系，采用相关分析，

表 11-4　社区居民民生满意度总体评价

民生满意度感知	1（%）	2（%）	3（%）	4（%）	5（%）	平均值	标准差
F19	8.2	6.3	28.4	16.7	40.4	3.75	1.273
F20	27.0	22.3	28.9	9.7	11.9	2.57	1.305
F21	25.9	15.5	26.8	18.0	13.9	2.79	1.373
F22	16.7	17.0	30.5	23.0	12.9	2.98	1.260

分别考察两组指标两两间的 Spearson 等级相关系数 r。结果显示：不同指标间的 r 没有出现 +1，-1，0 的情况，说明指标间没有出现完全的正相关、负相关，及不存在线性相关关系，即指标间均有一定的相关性。根据 $|r|>0.8$ 表示两变量之间具有较强的线性相关性，$|r|<0.3$，表示两变量之间的线性相关关系较弱，两组变量间所有测量变量间的 $|r|<0.8$。其中，社区居民对生计底线（F19）的看法与能源（F5，$r=0.444$）、交通（F9，$r=0.376$）、看病（F6，$r=0.322$）的关系较为密切；社区居民对发展的看法（F20）与农业新技术（F17，$r=0.385$）、环境卫生（F8，$r=0.351$）、看病（F6，$r=0.317$）的关系较为密切；社区居民对社会福利的看法（F21）与 18 个民生指标间的 $|r|<0.3$，相关性较弱；社区居民对生活满意度的看法（F22）与交通（F9，$r=0.361$）、看病（F6，$r=0.306$）的关系较为密切。

分别以四个民生满意度指标为应变量，18 个民生评价指标为自变量，采用逐步法进行多变量线性回归。在模型有统计学意义的前提下，发现居民对生存的看法与能源、交通、环境卫生、社区娱乐、社区医疗等五个指标关系最密切；居民对发展机会的看法与农业新技术、环境卫生、野生动物破坏庄稼、社区医疗、交通等五个指标关系最密切；居民对社区福利的看法与农业新技术、环境卫生、能源等三个指标关系最密切；居民对当地生活满意度与交通、能源、居民的赚钱门路、农业新技术、粮食、经济林种植等六个指标关系最密切。

四、结论与建议

（一）结论

自然保护区周边社区，受群众综合素质低、见识少及自然保护区资

源和空间利用的限制，居民民生关注的重点主要集中在：社区居民的生存基本需求、社区居民的发展需求、社区对水的需求、社区居民经济来源、社区居民耕种状况、社区居民的经济林等六大方面。进一步分析表明：自然保护区周边社区居民简单的生存已不成问题，但生存质量有待进一步提高；受看病难，小孩子上学不方便、环境卫生差、交通不便的制约，社区处于不可持续发展状态；社区居民仍面临着用水困难、经济来源单一、土地利用效率低等问题。从民生的层次看，社区民生关注重点仍是低层次以生计为重点的民生问题，居民民生满意度处于较低水平。民生满意度与社区能源使用、交通、环境卫生、农业新技术普及、社区医疗关系最密切。

（二）建议

关注民生、重视民生、保障民生、改善民生是中国特色社会主义的本质要求，是全面落实科学发展观的核心内容[50]。自然保护区周边社区居民的生计问题存在一定的严峻性和严重性，满足居民生存和发展的需要，解决居民生计的可持续性显得十分迫切[51]。现阶段社区存在的交通、医疗等居民迫切需要改善的问题在全社会具有普遍性，这需要健全政府管理，大力推进农村公共事业发展，夯实农村发展基础，从制度上保障这一独特群体的需求。结合自然保护区周边社区以农业社区为主，林业资源丰富的现实情况出发，从改善民生措施的可实施性及实施后效果两方面看，着重解决这一区域的水利和林业资源的利用，可有效提高社区居民民生满意度。

自然保护区周边分布着许多居民，他们长期依靠保护区内的资源生存与发展。我国将自然保护区功能区划分为核心区、缓冲区和实验区三个部分。实验区既有缓冲作用，以更好地保护核心区的生态环境及动植物资源，同时还为社区的生产生活提供了资源和空间。然而，我区对现有自然保护区所划分的实验区的范围太少，而且也限制过多，不能满足当地群众对生产生活的需要，特别是不能满足薪柴和放牧的需要。同时，有一些保护区蕴藏矿产和水电资源，可是由于保护条例的限制，这些资源不能开发，影响当地的经济发展。为了自然保护区内及周边居民的生存与发展，需要注意以下几点：

(1) 重新做好核查全区自然保护区功能的工作，对自然保护区存在功能不合理的现象，应及时根据实际需要进行调整，以适应当地经济社会发展需要。

(2) 对于当地居民生产生活依赖性较大的自然保护区内的自然资源，如薪炭林、经济林、牧地、旅游资源等应划为试验区，以满足当地居民生产生活之需。

(3) 保护区内的矿产和水电资源，在不影响自然保护区保护宗旨的前提下，如其位置在保护区腹地，可将其划为试验区；如在保护区边缘的，可将其划出保护区外，以便当地适度开发。

此外，水利建设是统筹城乡发展的重要基础，是服务社会主义新农村建设的重点所在。各级政府要重视水利工作，坚持以人为本，切实把水利工程建设当作农业的“命脉”、最大的民生事业来抓。在认真总结农民首创做法、广泛借鉴外地经验的基础上，结合自然保护区周边社区实际，大胆创新，破解了农民用水难问题。针对用水困难的社区主要集中在石山地区半高山和丘陵地带，主要解决留不住水的难题。对现有年久失修的水利工程，要通过修缮以发挥其蓄水、灌溉功能。针对半高山农民生产和生活用水难问题，组织技术人员进行攻关，设计集雨水收集、过滤储蓄、消毒、供水于一体的水窖，利用雨水集蓄解决缺水地区居民生活和生产用水困难[52]。

林业资源是人类赖以生存和发展的重要物质基础，是农民的重要资产，也是农民发展生产的重要资本。自然保护区周边社区虽然面临人均可耕种田地面积少的不利因素，但普遍拥有大面积集体林。目前中国正在全面推行的集体林权制度改革，确定了农民承包经营林地的主体地位，让农民在林地经营中得到实惠[53]。自然保护区周边社区集体林权制度改革后，要将发展林业作为改善民生、消除贫困的主要措施。政府部门要为兴林富民提供资金保障，如建立健全支持林业发展的公共财政制度和林业金融支撑制度，实施林业补贴制度和林业税费优惠政策等。广大农民将分得的林地林木作为生产资料和经营资本，使林业成为居民增收致富的重要途径。

第四篇

自然保护区开展生态旅游管理问题研究

第十二章

广西自然保护区开展生态旅游社区参与研究

一、研究背景

20世纪80年代，随着全球生态旅游热潮的兴起，在保护区开展生态旅游的思想进入中国[45]。生态旅游作为保护环境和维护当地居民良好生活的负责任的旅游形式，发挥了巨大的经济效益、环境效益和社会效益，无论是发达国家还是发展中国家，均大力发展生态旅游产业。自然保护区因其良好的环境、多样化景观，为生态旅游的开展提供了重要的物质保障，其生态旅游以生态和环保为特色，旅游功能主要表现为新、奇、旷、野等特点。实践表明，自然保护区开展生态旅游能够为当地社区提供发展经济和就业的机会，在有条件的自然保护区发展生态旅游是自然保护区实现资源保护和利用相协调的有效途径。目前，在自然保护区发展生态旅游能将保护与利用协调发展已经得到了相关学者的共识，不少保护区进行了生态旅游开发。从广西目前情况来看，大明山、九万大山、十万大山、姑婆山、龙虎山、古龙山等自然保护区均开展了生态旅游实践，在广西区内形成各种级别、多种主体共同关注生态旅游和开发生态旅游的局面，本章将以大明山保护区生态旅游开发为例研究社区参与状况分析。

二、研究内容与方法

为了深入了解大明山保护区旅游开发中其周边居民的参与程度、参与积极性等情况，对距保护区较近且利益相关性较强的汉安村那新屯、

那汉屯、板甘屯、上户里屯、下户里屯以及塘工屯等6个村（屯）的居民进行了问卷调查，辅以少部分访谈、问卷调查为随机抽样，一对一问答，由调查人员亲自填写的方式进行访谈是在问卷调查过程中对受访者的随机问答，进一步对居民做深度调查。这6个村（屯）位于大明山脚下进入大明山景区的必经之路旁，对其进行调查具有一定的代表性，能真实地反映当地居民参与大明山生态旅游开发的现状和当地居民对参与生态旅游的想法调查选用6项指标：当地居民从旅游开发中获得经济收入；旅游开发为当地居民增加就业机会；旅游开发后当地基础设施得到改善；旅游开发征地补偿合理；旅游不应该干扰当地居民正常生活；促进当地社区环境改善，分别从满意程度（P）和期望程度（E）两个方面对大明山保护区生态旅游开发的社区参与情况进行测评。采用李克特5点尺度测评这6个指标，1~5分别代表完全不满意/完全不期望、不满意/不期望、一般满意/期望、非常满意/非常期望，分别赋予分值1~5分，并对其进行均值和标准差计算。本节用统计软件SPSS16.0的常规描述性百分比、均值等统计指标对数据进行分析。

三、数据处理及分析

（一）社区居民参与的积极性分析

大明山周边社区居民对参与生态旅游开发的积极性调查结果见表12-1。

表12-1　大明山周边社区居民参与的积极性

项目	指标	有效（%）
当地居民支持旅游开发工作	完全不支持	8.6
	不支持	21.6
	一般	20.7
	支持	28.4
	完全支持	20.7
旅游开发参与意愿	非常不愿意	0.0
	不愿意	6.1
	一般	24.4

续表

项目	指标	有效（%）
旅游开发参与意愿	愿意	41.7
	非常愿意	27.8
主动表达旅游开发看法	不会	30.1
	会	69.9
参与旅游开发的形式	旅游工作人员	28.4
	开办旅游实体	16.5
	无所谓	47.7
	旅游工作人员或开办旅游实体	7.3

从表12－1数据可以看出，大明山周边社区居民对生态旅游的参与具有很强的主观愿望。从“当地居民支持旅游开发工作”来看，有49.1%的受访者表示支持，说明当地居民对生态旅游开发总体上持支持态度；但仍有30.2%的受访者持完全不支持或不支持的态度，这给大明山的生态旅游开发带来了消极的影响。从旅游开发参与意愿可以看出，当地居民对参与生态旅游期望较高，有69.5%的表示愿意，表明当地居民具有较高的参与生态旅游的意愿；仅有6.1%的受访者不愿意参与；而在“主动表达旅游开发看法”这一项目中，有69.9%的受访者会主动表达，而30.1%的受访者不会主动表达，由此可看出当地大多数居民对参与生态旅游具有较高的积极性，愿意主动对其出现的情况提出自己的看法。参与“旅游开发的形式”方面，有28.4%的受访者愿意以旅游从业人员的形式参与，16.5%的受访者愿意以开办旅游实体的形式参与，7.3%的受访者对以上两种形式都表示愿意，但还有47.7%的受访者表示无所谓，这可能是由于受访者的文化程度不高，对旅游开发形式不了解等原因所造成的。

（二）社区居民参与程度和参与动机分析

大明山保护区生态旅游各项指标的开发现状满意程度、参与动机以及排名见表12－2。

表 12－2 大明山周边社区居民参与度程度和参与动机

影响因素	1	2	3	4	5	平均值	标准差	排序
P1	37.7	49.1	7.1	6.1	0.0	1.816	0.815	12
P2	34.5	49.1	6.0	7.8	2.6	1.948	0.977	11
P3	17.5	34.2	28.9	15.8	3.5	2.535	1.066	8
P4	32.5	24.5	34.2	8.8	0.0	2.193	0.994	10
P5	5.2	19.1	34.8	27.0	13.9	3.252	1.083	7
P6	16.7	36.8	31.5	13.2	1.8	2.465	0.979	9
E1	0.0	2.7	2.7	34.4	60.2	4.522	0.683	1～2
E2	1.7	1.7	6.1	23.5	67.0	4.522	0.831	1～2
E3	0.9	0.9	9.3	45.4	43.5	4.296	0.752	4
E4	0.0	0.9	20.2	21.9	57.0	4.351	0.831	3
E5	0.0	0.9	24.6	47.4	27.1	4.009	0.747	6
E6	0.0	2.5	15.7	34.8	47.0	4.261	0.817	5

由表 12－2 数据可以看出，当地居民对大明山保护区生态旅游开发的影响普遍表现出不满意。P1 到 P6 的均值排名仅为 7～12 名。P5“旅游不干扰当地居民正常生活”的平均值达到 3 以上，反映出当地居民认为大明山生态旅游开发基本上不影响他们的正常生活；而在影响因素 P1“当地居民从旅游开发中获得经济收入”、P2“旅游开发为当地居民增加就业机会”、P3“旅游开发后当地基础设施得到改善”、P4“旅游开发征地补偿合理”、P6“促进当地社区环境改善”这 5 个方面，当地居民都持不满意态度。特别是对 P1 和 P2 两个方面表现出了非常不满意的态度，其平均值都低于 2，分别为 1.816 和 1.948，这与当地居民生活水平普遍偏低关系比较密切。当前大明山生态旅游的开发没有很好地把旅游开发和当地居民的经济利益联系起来，没有给当地居民带来经济效益和带动当地经济的发展，而且对居民的征地补偿、基础设施建设以及环境改善的承诺也未实现，致使当地居民对大明山生态旅游开发现状不满意，影响生态旅游的社区参与程度。

从表 12－2 的数据还可以看出，当地居民对旅游开发的期望值都比较高，E1 到 E6 的均值排名在 16 位，且均值都达到 4 以上。其中当地

居民对 E1 “当地居民从旅游开发中获得经济收入” 和 E2 “旅游开发为当地居民增加就业机会” 期望值最大，其平均值达到了 4. 522，这与旅游开发现状对当地居民影响的满意程度中的 P1 和 P2 相吻合，由于对经济收入和就业情况的现状最不满意，所以对这两方面的期望也就最大，这些都说明了当地居民对生态旅游的开发能提高收入和增加就业的渴望。其他 4 个方面 E3 “旅游开发后当地基础设施得到改善”、E4 “旅游开发征地补偿合理”、E5 “旅游不干扰当地居民正常生活”、E6 “促进当地社区环境改善”，居民的期望值也都很高，其平均值分别为：4. 296、4. 351、4. 009 和 4. 261，这也表明居民对生态旅游开发后对改善生态和生存环境抱有很大的期望。

第十三章

自然保护区生态旅游可持续发展评价研究

一、研究背景

生态旅游是当今世界旅游业的发展热点，目前全球推行生态旅游的主要是先进国家和具有原始自然资源分布的国家，如美国、加拿大等发达国家和非洲、南美洲等具有丰富原始自然资源的国家，我国生态旅游开发多是以自然保护区为依托。从世界上第一个自然保护区的建立开始，自然保护区就与旅游联系在一起。1872 年建立的世界上第一个自然保护区——美国黄石公园，是被永远地划为“供人民游乐之用和为大众造福”的保护地，兼有自然保护区和公园的功能，一方面保护着当地独特的冲蚀岩熔景观及森林资源，另一方面也为人们提供了享受自然恩赐的游憩场所。目前，自然保护区生态旅游存在许多问题，从中央政府的决策部门到保护区、保护区与社区、生态旅游经营者、生态旅游者的关系，以及系统以外的科学研究，几乎在每一个环节均存在问题。生态旅游对保护区环境带来的负面影响包括非本地种的引入、污染的排放、生境的破坏、片段化与丧失，以及栖息地的减少等。在生态旅游管理方面，决策与管理部门的宏观管理滞后、保护区、生态旅游经营者和生态旅游环境的管理不完善、对生态旅游者管理和服务普遍不到位、对保护区旅游容量的研究普遍滞后，缺乏统一科学的旅游容量计算方法等。自然保护区是以“保护”为核心的特殊地理区域，而开展生态旅游是对保护区进行“利用”，因此自然保护区开展生态旅游必须走可持续发展之路，才能达到资源利用与保护双赢。

二、影响生态旅游可持续发展的因素

在自然保护区开展生态旅游，自然保护区是生态旅游的载体，生态环境的保护是进行生态旅游开发的前提和关键。如何处理好保护与开发的关系，需处理好生态旅游企业、生态旅游经营者、生态旅游管理者、生态旅游者、生态旅游服务、生态旅游设施、生态旅游环境、财政状况及收益分配这8项因素的关系。

（一）生态旅游企业

生态旅游企业是指为旅游者提供生态旅游产品和服务的企业，这种产品和服务既要符合充分利用资源，又要符合充分保护生态环境要求。随着我国社会主义市场经济体制的建立和旅游行政管理体制的改革，政府与旅游企业、旅游企业与社会、旅游企业与员工等一系列关系都发生了很大的变化。旅游企业逐步向自主经营、自负盈亏、自我约束、自我发展的独立经营者转变。旅游企业的投资主体进一步多元化，形成多种所有制的旅游企业在市场上平等竞争的局面。在平等开放的市场环境中，一个旅游企业要生存与发展，不能再依赖政府的政策保护，不能再靠变相的垄断行为，也不能再靠所谓的“行业保护价格”，而只能通过改革、改组、改造和加强企业管理，通过降低成本费用和提高产品及服务质量，提高企业竞争力来求得生存和发展。同其他企业一样，生态旅游企业同样需要追求经营利润最大化，但考虑到自然保护区的特殊性，企业利润最大化必须以资源有效保护为前提，企业的生产、经营、促销活动需要融入生态内涵。

（二）生态旅游经营者

自然保护区的生态旅游经营者是生态旅游企业的经营主体，其经营理念，经营决策和经营方向与生态旅游景区的可持续发展息息相关。生态旅游经营者树立生态观、环境观与生态伦理道德观对生态旅游景区起着举足轻重的作用。自然保护区需要具有这些观念并以此指导行动的生态旅游经营者，以确保其所制订的经营战略符合生态旅游景区的可持续发展，反之就会对生态旅游景区造成不可弥补的损失，严重妨碍生态旅游景区的可持续发展。目前我国许多自然保护区生态旅游的经营者常常又是生态旅游的管理者，即自然保护区的管理者，这给保护区经营者的价值取向留下许多隐患，不利于自然保护区生态旅游的可持续发展。因而对于生态旅游经营者，其可持续发展理论的实施一定要处理好管理者与经营者之间的关系，做到经营与管理分开，保护区从生态旅游中受益，但不适合同时又是经营者。

（三）生态旅游者

旅游者通过具体的行为实施旅游动机，并与周围环境发生相互作用，对旅游区的发展具有重要影响，科学引导旅游者从自身行为出发，处理好旅游与生态环境的相互关系成为自然保护区开展旅游活动必须研究的内容。在自然保护区中开展生态旅游，对其中的旅游活动主体的旅游者提出了特殊的要求，它要求旅游者既是注重游乐，又是注重环境保护的生态旅游者。要成为一位真正的生态旅游者，要事先学习访问地域的有关知识。旅游者应该以学习了解当地的文化、风俗习惯为目的，在当地居民的允许范围内参加各项活动，尊重访问目的地的文化。在游览过程中，不干扰野生物的正常生存，要求服从景区管理人员及自然保护主义者的吩咐，比如不接近、不追逐、不投喂、不搂抱、不恐吓动物，穿适合的服装等；对野生植物，则要求做到不踏踩贵重植物群落；不采集被保护植物；不购买、不携带被保护生物及其制品；购买当地的纪念品，要本着支援当地人生活、有利于物种保护的态度，购买经认可的纪念品；不丢弃垃圾、不污染水土，自觉做到旅游活动不给目的地自然环境造成不良影响。积极参加保护自然生态的各种有益活动，如向被访问者捐资及提供知识技术，参加保护环境的宣传和义务劳动等。总之自然保护区生态旅游的主体是具有较强环境意识的生态旅游者，他们的旅游行为是带有环境意识的旅游行为，这种行为在食、住、行、游、购、娱6个环节中都很注意对环境的保护，强调的是旅游与保护的和谐统一，而不是偏向某一方面。

（四）生态旅游服务

旅游服务主要是围绕旅游六要素：食、住、行、游、购、娱展开。传统旅游服务与生态旅游服务区别在于：前者以游客第一，对游客提出的要求有求必应，旅游者注重舒适、享受；后者以自然景观为第一，对游客的要求有选择地满足，旅游者注重与大自然交融，环境保护意识的培养。生态旅游服务中要贯彻“保护第一”的原则，即所有服务项目对环境的负面影响要减至最低，符合可持续发展的要求。我国的旅游者与生态旅游者的要求相去甚远，在“顾客是上帝”的商家信条的影响下，认为提出的要求都应得到满足，并且普遍存在环境保护意识欠缺，缺乏环境保护行为。这些都需要在旅游服务过程中，通过生态旅游宣传教育改变人们的传统观念。目前许多保护区存在忽视环境保护的实际行动，而仅以利润最大化为价值取向的现象，生态旅游服务远远不能满足旅游者需要，生态旅游服务体系也无法正确界定和规范化。保护区管理者和生态旅游经营者往往没有较容易实施的模式用来指导旅游工作的开展，这样在实践中就难以实现旅游服务生态化。总的来说，目前生态旅游服务大多处于不规范的状态下，具有较大的随意性，对游客服务很难到位。

（五）生态旅游设施

自然保护区要开展旅游活动，必须有必要的基础设施和旅游服务设施，设施的选址、材料、风格都对自然保护区生态环境造成一定的影响。这主要是因为设施建造改变了自然保护区局部环境，造成局部温度、湿度、日照等气象因素的改变，导致局部小气候的变化，进而干扰自然保护区的生态环境，对自然保护区的环境保护造成影响。因此，在自然保护区内进行旅游设施建设，设施的面积不宜过大，一般而言，设施建筑面积不宜超过整个景区面积的1%，各种设施不宜集中，以分散为宜，尽量减少各类设施对下垫面的改变。建筑材料少用石头、水泥等热容量小、极易吸热的材料，多用竹木等热容量大、不易吸热的材料，设施周围多增加绿化面积，一方面减少下垫面的改变程度，另一方面使建筑与周围景观协调。

（六）生态旅游管理者

对于生态旅游管理者，目前多数情况下既是生态旅游经营者，又是自然保护区的管理者。生态旅游管理者是监督生态旅游景区的开发经营方向人员，对生态旅游景区的发展起着决定性的作用。生态旅游管理者

要从战略的高度对生态旅游景区进行有效管理，要应用制度、法规和其他管理手段对生态旅游者、生态旅游企业以及生态旅游经营进行合法有效的管理。生态旅游管理者评价指标体系选择从相关的多个方面进行选择，以期做到比较全面和具有代表性。为改变生态旅游管理者既是“游戏”规则的制定者又是接受者所带来的重利轻保护行为，管理者一般不要直接参与生态旅游的经营。管理者工作职能偏向于理顺保护与经营的关系，从热衷于直接经营转变为经营活动的监督和协调保护区与当地政府、当地社区以及与经营者之间的关系，从而正确定位和规范自然保护区的生态旅游管理。

（七）生态旅游环境

生态旅游环境既是生态旅游产品中的组成部分，又是生态旅游业竞争力发展的物质基础，生态旅游业的产业竞争力持续提高要依托能可持续利用的生态旅游环境。由于长期缺乏可持续发展思路指导，导致对生态旅游资源进行了掠夺性开发和利用，再加上我国的生态旅游需求持续增加，生态旅游业超常发展而却对由此带来的负面影响控制无力，这些都使得生态旅游环境保护状况处于危险的境地。自然保护区开展生态旅游出现了环境保护与破坏同时并存的局面，不少保护区生态旅游资源严重退化，表现为水体污染，水土流失加重，植被覆盖率下降，动植物有效保护范围不断缩小。目前许多保护区普遍缺乏行之有效的保护措施，生态旅游地的建设开发既缺乏科学指导，又缺乏合理监督。加上我国大多数生态旅游者与生态旅游管理者的环保意识不强，不文明现象层出不穷，致使稀有的生态旅游环境受到严重破坏。据中国人与生物圈国家委员会所做的一项关于中国自然保护区问卷调查显示：在已经开展旅游的自然保护区中，仅有 10% 定期进行环境监测工作。我国旅游业的发展走的是一条“边开发，边建设，边规划”的道路，发展经济是最重要的出发点，致使有些自然保护区工作重心偏向经济开发，而忽视或弱化了环境保护力度，甚至有些保护区是在没有规划的情况下进行生态旅游开发。生态环境保护管理力度跟不上发展生态旅游业的需要，从而导致严重的旅游污染问题。

（八）生态旅游保护区财政状况与收益分配情况

目前我国自然保护区的财政主要来自国家拨款、当地政府财政支持等方面，其中国家财政拨款一部分是以项目形式下拨到各级自然保护区的。随着生态旅游热的兴起，许多自然保护区开办了生态旅游，生态旅游收益成为自然保护区资金的一种有益补充形式。但由于我国自然保护区的特殊情况，即保护区一般为国家所有，与当地社区居民的利益冲突现象似乎十分明显。据资料显示，许多自然保护区周边的社区居民并没有从自然保护区和自然保护区开展的生态旅游获取多少利益，许多区域的社区居民除了得到一些由于旅游者带来的商业机会外，根本没有什么利益可言，因而社区居民对生态旅游的热情并不高，如果这种情况长期持续下去，将会严重影响当地居民与保护区的合作热情，会威胁到保护区的可持续发展，也不利于生态旅游开展，因而本大类主要从生态旅游区的财政状况和收益分配等多个相关因子进行考虑和分析。

三、自然保护区生态旅游可持续发展评价指标

自然保护区开展的生态旅游是否有利于保护区走可持续发展之路，需要对上述8项因素的具体要求进行界定。

（一）生态旅游企业

生态旅游企业是保护区开展生态旅游经济实体，生态旅游企业的运营状况和收益多少直接影响到保护区和当地社区的收益，从而间接影响到保护区的保护与可持续发展。如何增加生态旅游企业的收益同时又对生态环境的影响最小化，这是一个相当矛盾和棘手的问题。其在自然保护区可持续发展中的贡献要考虑以下指标：

（1）生态旅游企业所有权结构；

（2）生态旅游企业的产业特征；

（3）生态旅游企业运作目标；

（4）生态旅游企业的经营实施意向；

（5）生态旅游企业营销手段；

（6）生态旅游企业从业人员构成；

（7）生态旅游企业与地方关系；

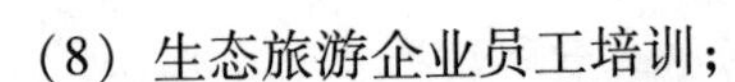

（8）生态旅游企业员工培训；

（9）生态旅游企业员工的素质及学历；

（10）生态旅游企业的管理。

（二）生态旅游经营者

生态旅游经营者必须确保自然保护区生态系统的完整性，提高自然资源的利用效率，支持生态旅游教育和培训，所雇用导游必须尊重当地文化习俗等。在自然旅游资源开发中强调尊重地方文化传统，注重社区参与，增加当地人管理旅游业的权利。

（1）生态旅游经营者的环境意识；

（2）生态旅游经营者的经营理念；

（3）生态旅游经营者旅游商品生产或销售方式；

（4）生态旅游经营者与当地自然爱好者、环境保护团体、当地社区及旅游者宣传教育机构的协作交流；

（5）生态旅游经营者对景点布局的选择取向；

（6）生态旅游经营者对专家、保护组织、当地社区和旅游者意见听取；

（7）生态旅游经营者聘用导游的原则；

（8）生态旅游经营者管理制度建立情况。

（三）生态旅游者

生态旅游者是进行生态旅游活动的主体，是保护区开展生态旅游的客源和财源。生态旅游者的多少直接关系到保护区的收益与发展，生态旅游者的环境行为直接影响到保护区的生态环境。考虑到旅游者过多可能带来的种种负面影响，自然保护区需要在旅游合理容量范围内开展旅游活动。生态旅游者是保护区开展生态旅游中最为重要的一环。

（1）生态旅游者的旅游目的；

（2）生态旅游者的文化敏感程度；

（3）生态旅游者的生态伦理道德；

（4）生态旅游者在抵达目的地前和参观期间的知识准备；

（5）生态旅游者在旅游目的地的人际行为；

（6）生态旅游者旅游活动的安排；

（7）生态旅游者消费行为；

（8）生态旅游者环境行为；

（9）生态旅游客源的稳定性；

（10）生态旅游者的行程特点。

（四）生态旅游服务

生态旅游服务是生态旅游区直接与生态旅游者接触的从业人员向旅游者提供游娱的场所、服务，而且使游客在游娱的过程中接受自然与人类和谐共处的生态教育。通过生态旅游，使游客走向自然，在生态旅游区学习和认识自然的价值，达到自觉保护生态环境的目的。在旅游的“食、住、行、游、购、娱”六要素中，涉及旅游服务的项目均要体现生态化内涵，这就决定了生态旅游服务内容的多元化。

（1）生态旅游服务计划的制订；

（2）生态旅游服务的内容；

（3）生态旅游服务理念；

（4）生态旅游团队大小；

（5）生态旅游线路安排情况；

（6）开展生态旅游的交通方式；

（7）生态旅游住宿安排；

（8）生态旅游购物；

（9）生态旅游服务中体现的教育职能；

（10）导游素质状况。

（五）生态旅游设施

生态旅游设施主要从保护区内的经营管理设施和基础设施条件来考虑，不包括旅游者来旅游地的外部设施，如外部交通设施等。

（1）基础设施；

（2）经营服务设施；

（3）建筑风格、建筑材料和装饰；

（4）基础设施维护和改进方法；

（5）废物处理；

（6）能源使用结构；

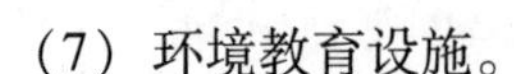

(7) 环境教育设施。

(六) 生态旅游管理者

生态旅游管理者一般为保护区及其主管部门，本大类不考虑在保护区外为生态旅游提供相应服务的各旅游企业、从业人员及其管理者。

(1) 行政管理职能；

(2) 环境监测与分析；

(3) 旅游区范围的划定；

(4) 生态旅游监控职能；

(5) 生态旅游科研；

(6) 生物物理变化防治措施；

(7) 协调职能；

(8) 单位面积管理人员数量；

(9) 生态风险评估；

(10) 项目后分析。

(七) 生态旅游环境

生态旅游环境大类包含自然环境和社会人文环境两个方面。

(1) 生态旅游对当地生态环境影响程度；

(2) 旅游企业、员工与当地居民的关系；

(3) 旅游经营者与旅游区管理者的关系；

(4) 当地居民与旅游者之间的关系；

(5) 当地居民参与生态旅游的数量和水平；

(6) 当地居民对生态旅游业的态度；

(7) 当地居民的经济、文化背景及其对旅游活动的容纳能力；

(8) 当地居民使用保护区的人数和比例；

(9) 地方教育使用面积和社区参与；

(10) 安全性；

(11) 当地顾问团体的力量和耐性；

(12) 可持续发展能力。

(八) 财政状况及收益分配

保护区一般以财政拨款为主，此外还有部分是政府以项目款形式下拨给保护区的资金，我国的保护区多由各级林场转制而来的，保护区内的居民和职工数均较多，保护区的收益中生态旅游收益是一项重要来源。生态旅游收益在不同的保护区所起的作用差别比较明显。

（1）保护区项目拨款情况；

（2）保护区职工人均经费与收入；

（3）保护区投资来源；

（4）保护区生态旅游收益状况；

（5）社区利益分配；

（6）社区居民人均收益。

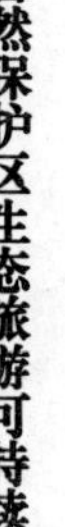

第十四章

广西自然保护区生态旅游开发中利益相关者实证研究

自然保护区的生态旅游开发涉及多个相关利益主体，其中包括了保护区的管理者、生态旅游投资开发者、当地社区、当地政府部门、生态旅游者、大众媒体、非政府组织等这些利益主体。由于各个利益主体所关注的利益要求不一致，造成了生态旅游景区开发过程中的无序的利益竞争，给自然保护区的生态旅游景区经营和自然保护区的管理带来了极大的不便。

一、广西大明山国家级自然保护区生态旅游利益相关者利益诉求研究

在生态旅游大潮的推动下，位于广西境内的国家级自然保护区大明山自然保护区也走上了生态旅游开发的道路。经过广西生态专家、林业专家、动植物保护专家多次的论证和研讨，最终确定了大明山自然保护区生态旅游开发的方案。因此，大明山生态旅游景区如何协调各相关利益主体的利益，促进大明山生态旅游开发的顺利进行是摆在管理者面前的一个重大问题。本节内容正是基于上述问题的考虑，利用利益相关者理论对大明山生态旅游开发过程中的主要利益相关者进行分析研究，以期为生态旅游在开发过程中提供一定的理论指导。

（一）大明山国家级自然保护区生态旅游开发现状

1. 大明山生态旅游开发有序，旅游资源保护较好

大明山国家级自然保护区自生态旅游开发以来，旅游景区的各项开发工作都在有条不紊地进行。大明山在一年多的封山建设和整改期间，

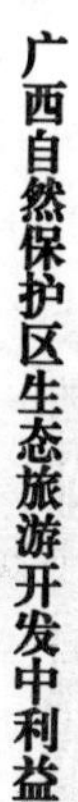

对各种生态旅游设施的建设充分考虑到维持原有的生态景观，不破坏和谐的生态环境，基本上达到了生态环保的要求；同时，在旅游区设立了比较完善的旅游标示系统，指导游客遵循生态旅游的理念，提醒游客的旅游行为要符合生态旅游的标准，并且限制游客的活动范围在保护区的实验区内。对于生态旅游经营者来说，除原大明山风景区遗留下来的餐饮住宿设施以外，新增加的旅游经营设施都要经过国家林业局的批复，在达到生态旅游景区经营标准的前提下才能从事相关的旅游经营活动。在大明山管理局做了大量的基础工作的前提下，大明山的生态旅游开发正在有序进行，旅游资源和生态环境也得到了较好的保护。

2. 大明山管理局开发与管理并进，注重生态环境的保护

做好生态环境的保护工作对发展生态旅游具有重要的作用，因此大明山国家级自然保护区管理局在保护生态环境方面做了许多的工作，包括对大明山的动植物生态系统的保护、对大明山水体环境的保护以及对大明山土壤环境的保护等。作为大明山生态旅游的开发者和管理者，大明山管理局站在任何一个角度都需要对大明山的生态环境保护负责。所以，在目前施行的生态旅游实践中，大明山管理局从开发和管理两个方向齐头并进，既向生态旅游开发中的其他利益主体宣传生态旅游的思想，唤起他们的生态保护意识；又以开发者的姿态站在爱护生态环境的角度，给大明山生态旅游开发中的其他利益主体做保护环境的榜样。

3. 大明山周边社区居民参与旅游程度不高

从目前开发的情况来看，大明山周边社区居民参与到旅游开发中的程度很低。根据大明山生态旅游开发所划定的旅游开发范围，真正位于开发区域内的居民社区只有大明山大门附近的汉安村。由实地调查所知，汉安村的村民几乎没有从事旅游相关工作的，家庭经济的主要来源还是集中在种植农作物和出外打工上，但是村民都表示非常想通过在景区内从事旅游商品、旅游餐饮等相关经营活动，或是能直接到景区内的旅游经营企业中就业，可见社区居民参与大明山生态旅游开发的愿望非常强烈。由此可见，社区居民参与大明山生态旅游开发程度的低下和社区居民参与旅游的愿望高涨之间存在极大的反差，将会给大明山的生态旅游开发带来一定的影响，如果不处理好就会引起矛盾冲突，阻碍大明

山生态旅游的有序开发。

4. 旅游客源市场狭小，旅游者以观光型居多

大明山国家级自然保护区在生态旅游开发以前，曾经进行过传统观光旅游的开发，并以优美的自然风光和神奇的四季景色获得“广西庐山”的美誉，吸引了无数南宁及周边市县的游客前来观光游览。生态旅游开发以后，由于客源市场的定位发生变化，外地观光游客急剧减少，而生态旅游的客源市场目前只能依赖南宁市的游客，这无疑造成了现今的生态旅游市场的狭小。同时，据调查发现，很多的生态旅游者是由传统的观光游客转型而来，而且前往大明山旅游的目的也基本上以观光为主，体现生态旅游游客特征的休闲、养生、度假、会议型的旅游者还比较少。

（二）大明山生态旅游开发中主要利益相关者的界定分析

1. 大明山生态旅游开发中利益相关者的界定

对生态旅游开发中利益相关者的界定，国外和国内的很多学者已经对此做了一定的研究，也取得了一定的研究成果。根据 Swardbrooke (1999) 的研究，可持续旅游的利益相关者包括：当地社区（直接在旅游业就业的人、不直接在旅游业就业的人、当地企业的人员）、政府机构（中央政府、当地政府）、旅游业（旅游经营商、交通经营者、饭店、旅游零售商等）、旅游者（大众旅游者、生态旅游者）、压力集团（环境、野生动物、人权、工人权利等非政府组织）、志愿部门（发展中国家的非政府机构、发达国家的信托和环境慈善机构等）、专家（商业咨询家、学术人员）、媒体等。作为可持续旅游的一种实现形式，生态旅游的利益相关者也大体相同。具体到大明山国家级自然保护区生态旅游开发中，根据利益相关者“影响与被影响”的定义，在总结前人研究成果的基础上，结合大明山生态旅游开发实践以及实地调研与访谈调查，可确定大明山生态旅游开发中的利益相关者谱系。如图 14－1。

如图 14－1 所示，在大明山生态旅游开发中，包括了大明山管理局、旅游者、生态旅游经营者、社区居民、当地政府、归口管理部门、社会媒体、压力集团、GEF 组织、专家学者团体等众多的利益主体。这些利益主体在生态旅游开发过程中，都会不同程度地对大明山的生态旅游开发施加影响，而大明山生态旅游开发的进行也会影响到这些利益相关者的组织或个人行为。

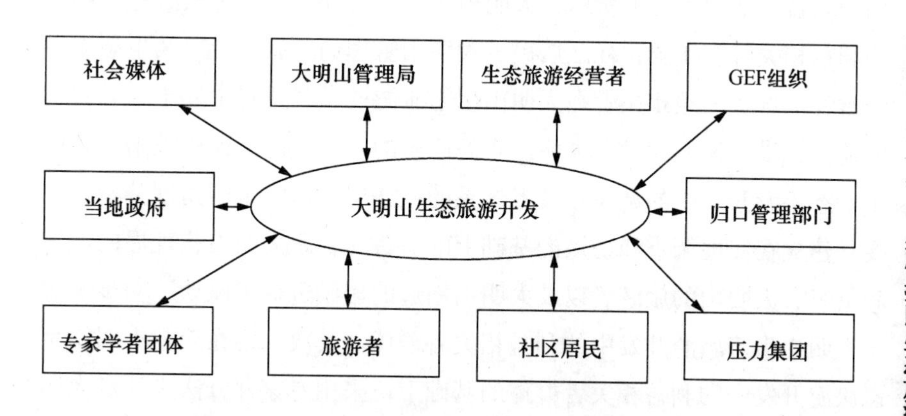

图 14－1　大明山生态旅游开发中利益相关者图谱

注：本图参考了姚国荣的九华山利益相关者基本图谱，有部分修改

2. 大明山生态旅游开发中主要利益相关者的界定

主要利益相关者的界定方法有定性和定量两种，在利益相关者理论出现早期，由于理论发展的阶段性，对主要利益相关者的界定以定性研究为主；随着理论的发展，对主要利益相关者的界定逐渐转向定量研究，在此期间出现了米切尔的多维细分法，它采用从合法性、权力和紧急性三个不同的维度来对企业可能的利益相关者进行评分，从而确定某一群体或组织是否为企业的主要利益相关者；而在 1994 年的第二届多伦多利益相关者理论大会上有研究小组提出按照“核心”、“战略”和“环境”三个层面来对企业利益相关者进行分类，等等。对大明山生态旅游开发中的主要利益相关者的确定，也可从定性和定量两个方面来进行界定。从定性的角度分析，在大明山生态旅游开发实践中，主要利益相关者是指那些在生态旅游规划、开发与管理中直接拥有经济利益、社会利益以及道德利益的群体。他们是大明山生态旅游生存和发展的根本，对大明山生态旅游的发展具有直接影响，任何一方的利益不均都会对大明山生态旅游的开发和发展产生负面影响。而反过来大明山生态旅游开发也会对他们产生重要影响，大明山生态旅游的开发决策和开发过

程将决定各主要利益相关者参与旅游开发的兴趣以及利益分配问题。因此在大明山生态旅游规划、开发和管理的各个阶段，都必须充分考虑他们的利益。如图 14－1 所示，大明山生态旅游开发中居于核心地位的主要利益相关者有 4 类：社区居民、大明山管理局、旅游者以及生态旅游经营者。这些利益相关者在大明山生态旅游的发展过程中处于十分关键的地位，没有他们就没有大明山生态旅游的发展，因此他们被纳入大明山生态旅游开发中的利益相关者体系的核心层。从定量的角度分析，主要是建立在实地调查和访谈的基础上的。首先，跟大明山管理局的领导和员工、大明山的旅游者以及大明山周边的居民进行了座谈，初步确定了大明山生态旅游开发中的利益相关者群体。其次，再在确定大明山生态旅游开发中的利益相关者群体的基础上，采用专家评分法来评定大明山生态旅游开发中的主要利益相关者。2007 年大明山管理局邀请广西区内的考古、文物、生态、文化、旅游等二十位专家和学者齐聚大明山共商大明山生态旅游发展大计，同时出席商讨大会的专家也应邀评出了大明山生态旅游开发中的主要利益相关者。在这次大明山生态旅游开发中的主要利益相关者评定调查中，入选率最高的几类利益相关者有大明山管理局、旅游者、社区居民、旅游经营者，具体入选情况见表 14－1：

表 14－1　大明山生态旅游开发中主要利益相关者专家评定结果分布表（共 20 个专家）

利益相关者	入选个数	入选率（%）
大明山管理局	20	100
旅游者	18	90
社区居民	20	100
旅游经营者	19	95
当地政府	15	75
归口管理部门	12	60
社会媒体	6	30
压力集团	5	25
GEF 组织	3	15
专家学者团体	7	35

从定量分析的结果来看，入选率排在前几位的是大明山管理局、社

区居民、旅游经营者以及旅游者。这与前面定性分析的结果完全重和，因此可以确定在大明山生态旅游开发中，最主要的利益相关者就是这四类：大明山管理局、社区居民、生态旅游经营者以及旅游者。

（三）数据统计结果分析

1. 大明山生态旅游者的利益要求分析

（1）大明山生态旅游者的基本概况。目前前往大明山的旅游者可以主要分为几个类型，即单位组团、旅行社组团以及自驾游，其中以自驾游这种方式最为普遍。在第一次调查时，接触到了这三种类型的旅游者。在第二次调查时，由于大明山正在举办“环大明山自驾车游暨大明山养生旅游节”活动，所以调查到的绝大部分旅游者都是自驾游游客。据访谈调查发现，这几种类型的旅游者都对大明山的原生态的自然环境和旅游价格感到满意，至于旅游服务、旅游基础设施和旅游娱乐设施的建设情况，每个旅游者又表达了不同的看法。从旅游基础设施的建设情况来讲，单位组团和旅行社组团的旅游者都表示大明山在严格执行国家林业局的有关自然保护区规定的情况下能建成现在这种规模已经很不错了，但是自驾车的游客就表示大明山上山的路太窄，并且不是很安全，随时会有从山上掉落石头的可能。从总体上来说，旅游者的利益要求在大明山的生态旅游开发中基本上得到了实现，同时他们也期望其他利益相关者能合理协调好利益关系，把大明山的生态环境保护好，要把大明山这个南宁市的后花园建设好，把大明山作为广西的一个名牌推向全国。在本次调研中所采集到的样本的基本情况如表 14 - 2 所示：

表 14 - 2 大明山生态旅游者基本情况

变量	分类	频数	有效（%）	累计（%）
性别	女	69	45.1	45.1
	男	84	54.9	100.0
	缺失值	1	0.0	100.0

续表

变量	分类	频数	有效（%）	累计（%）
婚姻状况	已婚	88	57.5	57.5
	未婚	65	42.5	100.0
	缺失值	1	0.0	100.0
年龄	18岁以下	4	2.6	2.6
	18~24岁	37	24.0	26.6
	25~34岁	53	34.4	61.0
年龄	35~44岁	37	24.1	85.1
	45~54岁	21	13.6	98.7
	55岁以上（包括55岁）	2	1.3	100.0
	缺失值	0	0.0	100.0
常住地	南宁市（含南宁市其他区县）	125	81.7	81.7
	广西区内其他市县	5	3.3	85.0
	其他省市	23	15.0	100.0
	缺失值	1	0.0	100.0
受教育程度	文盲	1	0.7	0.7
	初中	12	7.9	8.6
	高中	24	15.7	24.3
	中专（专业）	38	25.0	49.3
	大专及以上（专业）	77	50.7	100.0
	缺失值	2	0.0	100.0
职业类型	公务员	12	7.8	7.8
	企事业管理人员	52	34.0	41.8
	专业技术/文教人员	29	19.0	60.8
	服务/销售人员	8	5.2	66.0
	个体户	4	2.6	68.6
	离退休人员	2	1.3	69.9
	学生	29	19.0	88.9
	农民	3	2.0	90.8
	其他	14	9.2	100.0
	缺失值	1	0.0	100.0

续表

变量	分类	频数	有效（%）	累计（%）
旅游组织形式	非自驾旅行社组团	16	10.5	10.5
	自驾旅行社组团	40	26.1	36.6
	非自驾单位组团	22	14.4	51.0
	自驾单位组团	3	2.0	52.9
	非自驾散客	16	10.5	63.4
	自驾散客	56	36.6	100.0
	缺失值	1	0.0	100.0

由调查所取得的数据可知，大明山的旅游者呈现以下几个特征：①大明山旅游者以南宁市的游客居多。在调研的两次取样调查中知，所获得的样本的信息显示南宁当地的游客占了81.7%的比例，省外的游客占了15.0%，而广西区内其他市县的游客只占了3.3%。由此可以看出大明山的客源构成还是以南宁当地的客源为主，其客源市场的开拓潜力还非常巨大。②自驾游是目前大明山旅游的主要形式。从旅游组织形式来看，以组团方式的游客占52.9%，以散客形式的游客占47.1%，两者基本上持平。而从自驾和非自驾的角度来分，则自驾的游客占了62.7%，要比非自驾的游客所占的比例高出20多个百分点。因此目前大明山旅游者多是以自驾为主。这也反映出了自驾游已成为现代城市居民出游的主要方式。③大明山旅游者中以受过高等教育的居多。在调查的154个样本中，有大专以上学历的达77个，占了所调查总样本的一半。而初中及其以下学历只占了8.6%，由此说明大明山生态旅游的开展，满足了高素质、高学历的旅游者的要求。④旅游者构成中以企事业管理人员、专业技术/文教人员及学生占绝对多数。在调查到的大明山的旅游者构成中，企事业管理人员占32.0%，专业技术/文教人员及学生各占了19.0%，这三种职业类型的旅游者共占了70.0%的比例，相比于其他职业类型来看，这三种职业类型占了绝对的比重。

（2）大明山旅游者的利益要求满足现状。从一般意义上来讲，旅游者最关注的利益体现在三个方面：其一，旅游价格要合理，在旅游目

的地和旅游产品的选择中，旅游价格是最敏感的因素之一，它能够冲破旅游者的心理防线，激发旅游动机，促使旅游活动的实现；其二，要物有所值，即旅游者在旅游过程中要能够体验到旅游带来的美感和放松，让他们感觉到不枉花这么多钱在这次旅游活动上；其三，旅游过程要安全、舒适，旅游服务质量要让人感到满意。旅游者出去旅游，家人和自己都会担心旅游过程中的安全问题，再者就是要在旅游过程中吃得放心、住得舒坦，享受到良好的旅游服务。从国外的文献资料的分析中可以发现，在国外真正实行生态旅游的景区的旅游价格都比较昂贵，而且生态旅游面向的客源市场也是高学历、高素质的人员。所以对于国外的生态旅游者来说，价格合理或许不算是生态旅游者的一个利益要求。但是从大明山生态旅游开发实践来看，目前的开发水平和旅游者的自身素质都还达不到国外的生态旅游者的要求。因此，本节根据大明山生态旅游开发的现实状况，针对大明山生态旅游者设计了包括旅游者自身的利益要求以及从生态旅游者角度出发提出的生态要求等9个项目，并对其满足现状进行了调查，具体的调查情况见表14-3：

表14-3　大明山生态旅游者的利益要求满足现状描述性统计表

	Mean	Std. Deviation
旅游者体验到了原生态的景观（P1）	3.75	0.845
旅游者人身和财产安全得到了保障（P2）	3.63	0.890
旅游价格合理（P3）	3.35	0.926
旅游服务质量满意（P4）	3.33	0.848
旅游交通便利（P5）	3.36	1.040
景区控制旅游者数量（P6）	3.37	0.865
旅游者具备环境保护行为（P7）	3.44	0.888
旅游者尊重当地居民传统（P8）	3.66	0.771
旅游者在旅游过程中学习到了自然生态知识（P9）	3.42	0.975

由调查所得出的数据表可以发现，“旅游者体验到了原生态的景观（P1）”、“旅游者人身和财产安全得到了保障（P2）”和“旅游者尊重当地居民传统（P8）”这个三个利益要求的均值分别为3.75、3.63、

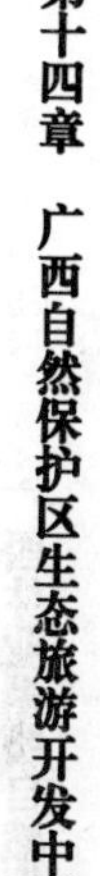

3.66，均超过了满意的均值最低分3.5，由此可见大明山的生态旅游者对这三个利益要求已经得到满足。这表明大明山生态旅游开发中的管理者——大明山管理局对于原生态景观的保护，建设旅游安全保护设施等基础设施，向旅游者宣传尊重当地居民传统等方面的工作做得很好，旅游者对管理局做的这些工作比较满意，这就缓解了大明山管理局与生态旅游者之间的利益要求冲突。而对于“旅游价格合理（P3）”、“旅游服务质量满意（P4）”、“旅游交通便利（P5）”、“景区控制旅游者数量（P6）”、“旅游者具备环境保护行为（P6）”、“旅游者在旅游过程中学习到了自然生态知识（P9）”等这些利益要求，其均值得分都位于2.4～3.5，表明大明山生态旅游者对这些利益要求的满足持中立的意见。相比较而言，“旅游服务质量满意（P4）”、“旅游价格合理（P3）”、“旅游交通便利（P5）”、“景区控制旅游者数量（P6）”的均值得分最低，表明大明山生态旅游者对这几个利益要求的满足最为不满意，而“旅游服务质量满意”和“旅游价格合理”又是旅游者最关心的利益要求，所以这几个利益要求是最为迫切需要在未来的生态旅游开发中得到满足的。

（3）大明山生态旅游者的利益要求期望。旅游者是旅游开发的关键，任何形式的旅游开发的最终目的都是吸引旅游者前往进行旅游活动，由此使得旅游者的利益要求受到了其他几个主要利益相关者的关注，特别是受到大明山管理局和生态旅游经营者的关注。因而，大明山生态旅游者提出的利益要求期望，必然是各个其他主要利益相关者关注的重点。在综合各种资料的基础上，在调查问卷中设计了包括旅游者自身利益、对生态环境的责任和对社区的责任在内的9个利益要求，表14－4是大明山生态旅游者对各个利益要求的具体期望值：

由表14－4可知，大明山的生态旅游者对问卷中设计的9个调查项目的得分均值都超过了4，这表明他们对这9个利益要求都非常期望，都想在大明山的生态旅游活动中满足这些利益要求。特别是对于“期望旅游者人身和财产安全得到保障（E2）”、“期望旅游者体验原生态的景观（E1）”和“期望旅游者在旅游过程中学习自然生态知识（E9）”这三个利益要求，其得分均值分别为4.37、4.36和4.31，由此可以说明

表 14-4　大明山生态旅游者的利益要求期望描述性统计表

	Mean	Std. Deviation
期望旅游者体验原生态的景观（E1）	4.36	0.747
期望旅游者人身和财产安全得到保障（E2）	4.37	0.809
期望旅游价格合理（E3）	4.18	0.849
期望旅游服务质量满意（E4）	4.27	0.792
期望旅游交通便利（E5）	4.27	0.726
期望景区控制旅游者数量（E6）	4.05	0.920
期望旅游者具备环境保护行为（E7）	4.26	0.793
期望旅游者尊重当地居民传统（E8）	4.18	0.817
期望旅游者在旅游过程中学习自然生态知识（E9）	4.31	0.753

大明山的生态旅游者对于自身的安全、体验原生态的旅游景观和生态旅游过程中知识的学习等这几个利益最为看重，也希望在今后的生态旅游过程中其他利益相关者能帮助他们满足这些利益要求。

2. 大明山管理局的利益要求分析

（1）大明山管理局的基本概况。大明山管理局是南宁市政府的一个下属机构，受南宁市政府委托管理大明山国家级自然保护区。大明山管理局分两个地方办公，一部分在大明山上，具体负责管理大明山日常经营活动以及防火监测工作；另一部分在南宁市市人大楼内办公，负责大明山各项事务。由此次的调查发现，大明山管理局对大明山的生态旅游开发寄予了很大的希望，他们表示，虽然现在大明山还有许多工作没有做到位，致使周边的社区居民和旅游者的利益受到了损害，但是一定会在今后的工作中极力协调好各方面的利益，积极做好大明山的生态环境建设和基础设施建设工作，努力营造一个良好的旅游投资环境，不断促进大明山的生态旅游发展和自然保护区的生态环境保护工作的顺利进行。在本次调研中所采集到的样本的基本情况如表 14-5 所示：

表 14－5 大明山管理局员工基本情况表

特征变量	分类	频数	有效（%）	累计（%）
性别	女	40	48.8	48.8
	男	41	50.0	98.8
	缺失值	1	1.2	100.0
年龄	18～30	48	58.6	58.6
	31～45	27	32.9	91.5
	45 以上	5	6.1	97.6
	缺失值	2	2.4	100.0
学历	初中及以下	5	6.1	6.1
	高中	11	13.4	19.5
	中专（专业）	14	17.1	36.6
	专科	25	30.5	67.1
	本科及以上（专业）	26	31.7	98.8
	缺失值	1	1.2	100.0
工作场所	市内	28	34.2	34.2
	大明山	53	64.6	98.8
	缺失值	1	1.2	100.0
职业类型	在编职工	54	65.8	65.8
	聘用人员	18	22.0	85.8
	临时工	5	6.1	93.9
	缺失值	5	6.1	100.0

由表 14－5 的数据可以看出，在调查所取得的样本中，男女比例基本上持平；在年龄方面，半数以上是 18～30 岁的年轻人，说明大明山管理局的管理队伍趋于年轻化；从学历来看，以大专、本科及以上（专业）学历居多，大明山的管理队伍也在逐步向知识型结构转变；从大明山管理局的员工的工作场所来看，在大明山上工作的员工所占的比例比在市内工作所占的比例要大，因为大明山生态旅游的开发工作需要管理局的现场监督和管理，维护好大明山生态旅游开发的正常秩序；从职业类型来看，在编职工占了绝大多数，由此可反映出大明山管理局作为南

宁市的事业单位，但是为了生态旅游开发的需要，也需要招聘一部分聘用制人员与临时工。

（2）大明山管理局的利益要求满足现状。在参考了生态旅游区管理者所具备的利益要求，以及根据大明山国家级自然保护区管理局的职责要求，由此归纳出大明山管理局的利益要求，并依据分析需要设计了10个问题。大明山管理局作为大明山国家级自然保护区的管理者，既要站在自然保护区管理者的角度，对大明山生态旅游开发中生态环境的保护、自然保护区事业的发展负有重大的责任；又要站在生态旅游开发的管理者的角度，要不断地促进大明山生态旅游的发展、当地社区经济的进步，处理协调好其他利益相关者的利益问题。本小节是基于这两个角度的考虑，提出了大明山生态旅游开发中的大明山管理局的利益要求。在问卷调查的设计中，把利益要求分成了利益要求现状和利益要求期望两部分，分别调查大明山管理局员工对大明山生态旅游开发中的利益要求满足的现状和对未来开发过程中的利益要求期望。具体的利益要求现状如表14－6所示：

表14－6　大明山管理局员工的利益要求满足现状描述性统计表

	Mean	Std. Deviation
促进了保护区保护事业的发展（P15）	3.52	0.878
促进了生态旅游的发展（P16）	3.58	0.906
促进了当地经济发展（P17）	3.11	0.962
完善了生态旅游相关制度（P18）	3.11	0.994
协调了保护区、居民、经营者、旅游者的关系（P19）	3.25	0.956
对保护区从业人员、居民、旅游经营者、旅游者提供了生态旅游宣传教育（P20）	3.18	1.067
改善了当地居民的生活水平（P21）	3.10	0.897
发展旅游业从而减少了当地居民对自然资源的破坏（P22）	3.30	1.074
为社区居民提供了旅游相关知识和技能培训（P23）	2.98	1.018
制定了有利于社区参与旅游的决策（P24）	3.17	0.905

由上表的数据可以看出，除了P15和P16的均值在3.5以上，其他问题的均值都落在2.5～3.5之间。这表明大明山管理局的员工对“促

进了保护区保护事业的发展（P15）”和“促进了生态旅游的发展（P16）”这两个利益要求的满足是感到满意的，在我们的访谈调查中也可以发现大明山管理局在这两个方面做了很多工作，接受调查的管理局领导和员工都一致表示在大明山开展生态旅游以来，既促进了大明山保护区保护事业的发展，又促进了大明山生态旅游的发展。除此之外，大明山管理局员工对其他8个利益要求的满足现状持中立的态度，由此可以看出大明山生态旅游开发还处于初期，在完善生态旅游相关制度、回报当地社区、协调其他利益相关者之间的关系等方面的工作还比较薄弱，需要在今后的开发中继续在这几个方面多做工作，更好地促进大明山保护区保护事业和生态旅游的发展。同时从这几个持中立意见的利益要求满足现状中还可以看出，大明山管理局对于“为社区居民提供了旅游相关知识和技能培训（P23）”、“改善了当地居民的生活水平（P21）”、“完善了生态旅游相关制度（P18）”和“促进了当地经济发展（P17）”这四项利益要求的满足情况最为不满意，这是今后大明山管理局努力的方向。

（3）大明山管理局的利益要求期望。大明山管理局的利益要求期望是大明山作为管理者对未来大明山生态旅游开发中提出的利益要求。这些利益要求的提出是为了更好地促进大明山生态旅游的开发和保护区事业的发展。作为大明山生态旅游开发和保护区的管理者，需要大明山管理局扮演好多个角色，使大明山国家级自然保护区的生态旅游开发做到生态效益、环境效益和社会效益这三大效益的协调和统一。具体的管理局员工的利益要求期望见表14－7。

由表14－7来看，大明山管理局员工对所调查的问题选项的得分都在4.0以上，这表明大明山管理局对这些利益要求都非常期望。特别是对于“期望对保护区从业人员、居民、旅游经营者、旅游者提供生态旅游宣传教育（E20）”、“期望改善当地人生活水平（E21）”这两个调查项目的得分达到4.5以上，这表明大明山管理局对未来大明山生态旅游的开发中的宣教工作和社区居民的经济效益是非常看重的，这样就能够保证其他利益相关者对生态旅游的支持和配合，尤其是与生态旅游开发前景息息相关的社区居民的利益得到保证的话，就能缓解旅游目的地与

当地社区之间的紧张关系，营造一个和谐的生态旅游开发环境。同时由这些调查的问题所知，管理局员工所关注的利益要求期望与理论研究基本相吻合。

表 14-7 大明山管理局员工的利益要求期望描述性统计表

	Mean	Std. Deviation
期望促进保护区保护事业的发展（E15）	4.45	0.669
期望促进生态旅游的发展（E16）	4.39	0.766
期望促进当地经济发展（E17）	4.41	0.628
期望完善生态旅游相关制度（E18）	4.45	0.525
期望协调保护区、居民、经营者、旅游者的关系（E19）	4.39	0.849
期望对保护区从业人员、居民、旅游经营者、旅游者提供生态旅游宣传教育（E20）	4.59	0.684
期望改善当地人生活水平（E21）	4.54	0.706
期望通过发展旅游业来减少当地居民对自然资源的破坏（E22）	4.46	0.834
期望为社区居民提供旅游相关知识和技能培训（E23）	4.39	0.857
期望制定有利于社区参与旅游的决策（E24）	4.27	0.922

3. 大明山生态旅游经营者的利益要求分析

（1）大明山生态旅游经营者的基本概况。大明山生态旅游开发是在大明山管理局的主导及监督管理之下进行的，旅游基础设施建设及旅游景点的开发建设都是由大明山管理局来执行。从这个意义上来讲，大明山管理局也可以算是大明山的生态旅游经营者。但是，大明山管理局的职能角色更多地倾向于管理者的角色，并且在前面的分析中，已将大明山管理局单独作为一个主要利益相关者来看待，因此此次所界定的大明山生态旅游经营者主要为在大明山国家级自然保护区内投资生态旅游餐饮经营和住宿经营的各个宾馆以及从事餐饮服务的小摊贩。在调研期间，笔者走访调查了在大明山经营的大明山宾馆、龙腾宾馆、明顶山庄、野菜餐厅以及在大明山宾馆前摆摊的几个摊贩。在与各个宾馆的访谈和调查中发现，宾馆对自己所应取得的经济利益还不是很满意，但是对于大明山管理局在旅游投资环境和生态旅游环境建设方面所作出的工作表示认可，认为大明山在开发生态旅游的过程中，基本上维持了保护区的原生态的自然景观，人文景观的建设也是在不破坏原有自然景观的前提下，这为大明山的生态旅游开发保证了原生态的旅游资源，也为大明山吸引游客有了资源上的保障，同时也为宾馆业的发展提供了客源上的支持。在本次调查中所采集到的样本的基本情况如表 14－8 所示：

表 14－8　大明山生态旅游经营者的基本情况表

变量	分类	频数	有效（%）	累计（%）
性别	女	23	57.5	57.5
	男	17	42.5	100.0
	缺失值	0	0.0	100.0
婚姻状况	已婚	15	39.5	39.5
	未婚	23	60.5	100.0
	缺失值	2	0.0	100.0
年龄	18～24 岁	19	48.7	48.7
	25～34 岁	13	33.4	82.1
	35～44 岁	5	12.8	94.9
	45 岁以上（包括 45 岁）	2	5.1	100.0
	缺失值	1	0.0	100.0
来源地	大明山周边村庄	19	59.4	59.4
	武鸣县	4	12.5	71.9
	其他地方	9	28.1	100.0
	缺失值	8	0.0	100.0
受教育程度	小学	2	5.0	5.0
	初中	13	32.5	37.5
	高中	12	30.0	67.5
	中专（专业）	10	25.0	92.5
	大专及以上	3	7.5	100.0
	缺失值	0	0.0	100.0

续表

变量	分类	频数	有效（%）	累计（%）
工种	投资者	3	7.5	7.5
	管理人员	11	27.5	35.0
	服务人员	26	65.0	100.0
	缺失值	0	0.0	100.0

由表14－8的数据分析可知，大明山生态旅游经营者呈现以下几个特征：①经营者以年轻人居多。从调查的样本来看，48.7%的被调查者都是在18～24岁之间，32.5%的被调查者在25～34岁之间。由此看来，82.1%的被调查者都是位于18～34岁之间的年轻人。这是由于在所调查的各个宾馆当中，接受调查的以宾馆服务人员为主，服务人员占了被调查者的65.0%。而宾馆的服务人员多是18～34岁之间的年轻人，这就造成了调查所形成的结果。同时，也因为18～24岁之间的被调查者占了48.7%，所以未婚的比率也达到了60.5%。②生态旅游经营者以受过中等教育为主，且具有高学历者偏少。在调查所取得的样本中，中专及高中学历占了55.0%，具有大专及以上学历者仅占7.5%。③从生态旅游经营者的来源地看，来自大明山周边村庄的占了59.4%，加上来自武鸣县城的12.5%，两项累计共达71.9%之多。由此可见，大明山生态开发为大明山周边社区及武鸣县城增加了很多个就业机会，这也反映出了大明山生态旅游开发中已经部分满足了周边社区居民增加就业机会的利益要求。

（2）大明山生态旅游经营者的利益要求满足现状。从旅游经济学的角度来看，生态旅游经营者首要的利益要求就是在不损害其他利益相关者利益的前提下尽可能多地从生态旅游开发中获取经济收益。因此，在问卷的设计中，把旅游投资者是否从生态旅游开发中获得经济收入作为一个调查项目列入到调查问卷中。除此之外，生态旅游经营者，作为一个生态旅游开发中的主要利益相关者，他要比一般的旅游经营者要承担更多的社会责任和生态要求，所以在此次问卷设计中也同样涉及了针对社会责任和生态环境保护的利益要求满足现状的调查。具体的调查结果见表14－9。

从表14－9的数据分析来看，在大明山生态旅游开发中，生态旅游经营者对目前的利益要求满足现状基本持中立的态度。从调查当中可以得知，生态旅游经营者并不是很满意目前的现状，但是基于保守的态度和谨慎的心理，所以他们在接受调查时基本上选择了既不赞同也不反对的中立意见。在调查的几个利益要求当中，只有“旅游开发与当地生态环境相协调（P13）”这个利益要求的均值达到了3.52，也就是说刚好到达表示赞成的底线。从统计理论上讲，大明山生态旅游经营者对这个利益要求的满足是基本满意的；从实践的角度来分析，生态旅游经营者也必须承认大明山的生态旅游经营活动是与当地的生态环境是相协调的，如果不赞同这个说法，那就会与大明山管理局的保护好大明山生态环境，促进保护区保护事业的发展的利益要求是相矛盾的。所以，大部分的生态旅游经营者对这个利益要求的满足现状表示满意，因而也就使调查样本的总体均值达到了3.52。

表14－9 大明山生态旅游经营者的利益要求满足现状描述性统计表

	Mean	Std. Deviation
旅游投资者从旅游开发中获得了经济收入（P10）	2.92	0.944
制定了保障当地居民在旅游中获得优先就业的措施（P11）	3.28	1.154
旅游投资收益有部分回报当地社区（P12）	2.82	1.010
旅游开发与当地生态环境相协调（P13）	3.52	1.037
旅游经营没有破坏当地生态环境及资源的行为（P14）	3.20	1.203

（3）大明山生态旅游经营者的利益要求期望。大明山生态旅游经营者是在众多的利益相关者中最受关注的一个主要利益相关者，因为生态旅游经营者的经营活动是建立在耗用自然生态资源的基础之上的，而且最重要的是生态旅游经营者还要从生态旅游开发中获得一定的经济收入，因此生态旅游经营者的利益要求必然要受到其他利益相关者的关注。从生态旅游经营者自身的角度来看，其对利益要求的期望具体如表14－10所示：

表 14 - 10　大明山生态旅游经营者的利益要求期望描述性统计表

	Mean	Std. Deviation
期望旅游投资者从旅游开发中赚钱（E10）	3.80	0.939
期望制定保障当地居民在旅游中获得优先就业的措施（E11）	4.18	1.059
期望旅游投资收益有部分回报当地社区（E12）	3.95	1.025
期望旅游开发与当地生态环境相协调（E13）	4.25	1.171
期望旅游经营活动没有破坏当地生态环境及资源的行为（E14）	4.00	1.273

从表 14 - 10 中的数据分析结果可知，大明山生态旅游经营者对问卷中提出的五个调查项目的均值都达到 3.5 以上，由此可以表明大明山生态旅游者对问卷调查中提出的利益要求都持肯定的态度，都期望能实现这些利益要求。其中设计到经济利益要求的“期望旅游投资者从旅游开发中赚钱（E10）”的得分为 3.80，仅仅是处于刚好赞同的边缘。而社会利益要求“期望制定保障当地居民在旅游中获得优先就业的措施（E11）”、“期望旅游投资收益有部分回报当地社区（E12）”以及生态利益要求“期望旅游开发与当地生态环境相协调（E13）”、“期望旅游经营活动没有破坏当地生态环境及资源的行为（E14）”的得分分别为 4.18、3.95、4.25 和 4.00，这四个项目的得分都大于经济利益要求的得分，可见大明山的生态旅游经营者并没有把经济利益要求放在最期望的位置，而是希望在保护好大明山的生态环境以及履行好自己的社会责任的前提下去获取一定的经济收入。大明山生态旅游经营者的这种想法能够很好地反映出大明山生态旅游者具备生态旅游开发理念和利益相关者意识，有了这个基础，大明山生态旅游经营者在将来的生态旅游开发中才能够很好地处理与其他三个主要利益相关者之间的利益协调关系。

4. 大明山周边社区居民的利益要求分析

（1）大明山周边社区居民的基本概况。本次调查的社区居民集中在大明山大门附近的村庄，其行政隶属关系都属于武鸣县两江镇。本次调查总共调查走访了汉安村那新屯、汉安村那汉屯、汉安村板甘屯、汉安村上户里屯、汉安村下户里屯以及公泉村塘工屯等6个村屯。在所调查的这几个村屯中，基本情况都差不多，多以种植作物为玉米、花生、芋头、木薯为主，主要收入来源中外出打工占了绝大多数。从村民的反映来看，他们还是基本上支持大明山进行生态旅游开发，但是大明山管理局在生态旅游开发中，部分损害了村民的利益，造成了村民的不满意的声音的出现。他们所反映的问题主要集中在村民用水困难、饮用水源被污染、当地居民参与生态旅游开发不足等问题。还有那汉屯涉及了征地补偿问题，大明山为修建大门景区，向那汉屯征地247亩，村民可得到的征地补偿为16115元/亩，但是很多村民还没有得到或是没有得全征地补偿。同时景区答应给村民供水、修路等改善基础设施的承诺都没有实现。经过我们的调查走访发现，大明山周边社区的居民参与旅游开发的程度很低，在问及原因的时候，很多村民表示他们很想通过成为员工、卖小商品及土特产品、经营餐饮住宿等方式参与到大明山的生态旅游开发中，但是缺乏数额较大的金钱投入以及必要的人际关系去疏通，所以他们只好安于现状，继续过着他们以前的生活方式。在本次调研中所采集到的样本的基本情况如表14－11所示。

由表14－11的数据可以看出，大明山周边社区居民呈现以下几个特点：

①青壮年所占比例偏少，留守居民以中老年人居多。受访居民中18～24岁和25～34岁的分别只占11.2%和10.4%，两项累计占总调查人数的21.6%；而35～44岁和45～54岁的累计超过55.1%，再加上

表14－11 大明山周边社区居民的基本情况

变量	分类	频数	有效（%）	累计（%）
性别	女	49	42.2	42.2
	男	61	52.6	94.8
	缺失值	6	5.2	100.0
婚姻状况	已婚	90	77.6	77.6
	未婚	18	15.5	93.1
	缺失值	8	6.9	100.0

续表

变量	分类	频数	有效（%）	累计（%）
年龄	18 岁以下	6	5.2	5.2
	18 ~24 岁	13	11.2	16.4
	25 ~34 岁	12	10.3	26.7
	35 ~44 岁	28	24.1	50.9
	45 ~54 岁	36	31.0	81.9
	55 岁以上（包括55 岁）	21	18.1	100.0
	缺失值	0	0	100.0
民族	壮族	110	94.8	94.8
	汉族	4	3.5	98.3
	缺失值	2	1.7	100.0
受教育程度	文盲	7	6.0	6.0
	小学	34	29.3	35.3
	初中	60	51.7	87.0
	高中	11	9.5	96.5
	中专（专业）	1	0.9	97.4
	大专及以上（专业）	0	0	97.4
	缺失值	3	2.6	100.0
家庭生活水平	尚未解决温饱	2	1.7	1.7
	仅仅解决温饱	15	12.9	14.6
	一般	62	53.5	68.1
	较富裕	23	19.8	87.9
	很富裕	0.0	0.0	87.9
	缺失值	14	12.1	100.0

55 岁以上的占了 18.1%，中老年人共占了 73.2%。据调查了解，当地青壮年大部分在外地打工，且受访者中的青壮年中有很大一部分只是在有休假的时候待在当地。留守在当地的居民年龄普遍偏大，青壮年劳动力流失到外地务工，这就造成了大明山周边社区当地的劳动力输出不

足，缺少年轻人的活力和创新的因子，不利于当地生态旅游社区参与活动的开展。

②大明山周边居民中男性占主导地位。在受访者中，男性所占的比例比较高，占52.6%，而女性占42.2%。这与当地居民男尊女卑的传统思想有关，在调查过程中，如果有男性在的家庭一般由男性接受调查，而女性大部分不回答问题。除非是没有男性在的家庭，或者是在村子公共地方活动的女性才会接受访问。这与当地落后的经济状况有一定的关系，经济状况的落后严重影响了人们思想的进步。由于受访者多为成年人，所以其婚否比例也是已婚的居多，占受访者中的77.6%，同时，在调查的过程中我们发现，年纪在18到20岁左右的青年已婚的也占一定比例，反映了当地不容忽视的早婚现象。由于我们调查的村子属于壮族聚居地，所以壮族居民占94.8%，而只有3.5%的汉族人口居住在这里。

③大明山周边居民教育程度偏低。当地居民的受教育程度总体水平比较低，小学学历的占29.3%，初中学历最多，占51.7%，而高中以上学历的仅仅有10.4%，且没有大专及以上的学历。由于受教育程度偏低，当地居民的整体文化素质偏低，他们对大明山开发生态旅游没有真正的了解和正确认识，再加上当地是壮族聚居地，大部分人以壮话为主要交际语言，其中很大一部分人不会说普通话，这给社区居民与其他利益相关者之间的沟通和利益协调带来一定的困难和阻力。

④大明山周边社区居民家庭生活水平普遍偏低。在大明山周边，当地居民大部分都认为自己家庭生活水平比较低，有53.5%的人认为其家庭生活水平在当地一般，而认为很富裕的人群没有、较富裕的占19.8%，认为仅仅解决温饱的占12.9%，尚未解决温饱的占1.7%。受教育程度偏低和青壮年劳动力流失外地是当地居民生活水平偏低、经济落后的重要原因。同时这也是大明山周边社区居民争取经济利益的重要原因之一。

（2）大明山周边社区居民的利益要求满足现状。大明山周边社区居民作为大明山生态旅游开发中的一个主要的利益相关者，其利益要求主要集中在社区经济利益要求、社区生活环境和生态环境的改善上面，

其中以经济利益最为社区居民所看重。因此，调查设计中，把当地居民从旅游开发中获得经济收入、为当地居民增加就业机会、改善当地社区的生活环境和生态环境等几个方面的内容纳入了调查的主题；再加上从当地的实际情况出发，增加了旅游开发征地补偿合理这个与当地居民的切实相关的利益问题；最后从当地人对生态旅游开发的态度着手，设计了当地居民对旅游开发工作的支持的问题。具体在问卷调查中获取的社区居民对其利益要求的现状的描述性统计如表 14 - 12 所示：

表 14 - 12　大明山周边社区居民的利益要求满足现状描述性统计表

	Mean	Std. Deviation
当地居民从旅游开发中获得了经济收入（P25）	1. 82	0. 815
旅游开发为当地居民增加了就业机会（P26）	1. 95	0. 977
旅游开发后当地基础设施得到了改善（P27）	2. 54	1. 066
旅游开发征地补偿合理（P28）	2. 19	0. 994
旅游没有干扰当地居民正常生活（P29）	3. 25	1. 083
促进了当地社区环境改善（P30）	2. 46	0. 979
当地居民支持旅游开发工作（P31）	3. 31	1. 261

由表 14 - 12 的数据分析可知，“当地居民从旅游开发中获得了经济收入（P25）”、“旅游开发为当地居民增加了就业机会（P26）”、“旅游开发征地补偿合理（P28）”和“促进了当地社区环境改善（P30）”这四个调查项目的均值得分为 1. 82、1. 95、2. 19 和 2. 46，均低于 2. 5，说明大明山周边的社区居民对这四项利益要求并没有得到满足。特别是对于“当地居民从旅游开发中获得了经济收入（P25）”这个调查项目的得分只有 1. 82，由此反映出大明山周边的社区居民对目前的经济利益极为不满意。至于“旅游开发后当地基础设施得到了改善（P27）”、“旅游没有干扰当地居民正常生活（P29）”、“当地居民支持旅游开发工作（P31）”这三项利益要求的调查得分也是在 2. 5 ~ 3. 5，说明当地的社区居民对大明山生态旅游的开发态度以及旅游开发的对其的影响感知比较模糊，站在中立的立场。一般来讲，旅游目的地社区的居民最为看

重的经济地位的提升和社区环境的改善。而由调查的数据分析来看，大明山周边的社区居民对他们看重的这些利益要求都没有得到满足，所以在未来的生态旅游开发中，要尽量满足社区居民的利益要求，使他们在大明山生态旅游开发当中发挥其重要作用。

（3）大明山周边社区居民的利益要求期望。大明山周边社区居民作为大明山生态旅游开发中主要利益相关者之一，其利益要求期望的问卷设计主要是根据生态旅游开发目的地居民的利益要求，内容涵盖了获得经济收入、增加就业机会、改善当地社区的基础设施、改善社区环境、旅游活动不干扰当地人的正常生活等方面；再根据大明山生态旅游开发过程中涉及征用农户土地问题，设计了期望征地补偿合理这个调查项目。具体的调查结果如表 14 – 13 所示：

表 14 – 13　大明山周边社区居民的利益要求期望描述性统计表

	Mean	Std. Deviation
当地居民期望从旅游开发中获得经济收入（E25）	4.52	0.683
期望旅游开发为当地居民增加就业机会（E26）	4.52	0.831
期望旅游开发后当地基础设施得到改善（E27）	4.30	0.752
期望旅游开发征地补偿合理（E28）	4.35	0.831
期望旅游不干扰当地居民正常生活（E29）	4.01	0.747
期望促进当地社区环境改善（E30）	4.26	0.817

从问卷得到的分析数据来看，大明山周边社区居民对问卷调查中提出的利益要求都非常期望，他们对问卷调查设计的 6 个利益要求期望的得分都在 4.0 以上，特别是“当地居民期望从旅游开发中获得经济收入（E25）”、“期望旅游开发为当地居民增加就业机会（E26）”这两项的得分达到 4.52，这说明大明山周边的社区居民都想从大明山生态旅游开发中获得经济收入，或是间接能为他们带来经济收入的工作机会，这两个调查项目是他们最为关心的，因此在大明山的生态旅游开发中，要首先满足社区居民的经济利益，才能缓解或消除社区居民与大明山生态旅游开发中其他三个主要利益相关者之间的矛盾。除了获得经济收入以

外，旅游征地补偿的合理、基础设施的改进、社区环境的改善、维持原有平静的生活等也是社区居民关心的利益要求。

5. 利益要求评价差异分析

一般来说，每个主要利益相关者的利益要求是不相同的，他们都是从自身的角度出发来提出自己的利益要求，在大明山生态旅游开发中的这四类主要利益相关者也是如此。在本次的问卷调查当中，针对每个不同的主要利益相关者设计的不同的利益要求，基本都是从每个主要利益相关者的自身角度出发来制定的。从系统论的角度来看，同处在大明山生态旅游开发中的各个主要利益相关者，某一个主要利益相关者提出的利益要求必然要在其他主要利益相关者的帮助下甚至是在损害他人利益的前提下才能实现，因而不同的主要利益相关者就会对除了自己之外的其他主要利益相关者的利益要求存在不同的看法。所以，本书有必要对各个主要利益相关者针对其他主要利益相关者的利益要求评价进行显著性差异检验，以发现他们之间存在的利益分歧，找出他们之间存在利益分歧的原因，为进一步提出和谐的协调措施作铺垫。

在分析方法上，对于两组之间的利益要求差异比较可以用独立样本T检验，三组及以上的可以用单因素方差分析（ANOVA）。在某一设定的显著性水平下，独立样本T检验用于检验两组不相关的样本在同一变量上的均值之间的差异是否具有统计意义，单因素方差分析则用于检验两组以上不相关的样本在同一变量上的均值之间的差异是否具有统计意义。

（1）对旅游者的利益要求评价差异分析。大明山的生态旅游者是大明山生态旅游开发成功与否的关键，因而大明山生态旅游者的利益要求自然会受到大明山管理局、生态旅游经营者、大明山周边社区居民以及其他利益相关者的关注。在试调查阶段，本书作者发现大明山的生态旅游者对“旅游者体验原生态的景观（E1）”、“旅游者人身和财产安全得到保障（E2）”、“旅游价格合理（E3）”、“旅游服务质量满意（E4）”、“旅游交通便利（E5）”、“旅游者在旅游过程中学习自然生态知识（E9）”六项利益要求尤为关注，因此在正式调查中把这六项全部吸纳为旅游者的利益要求评价指标。另外，作为生态旅游者，还需要生态旅游者在生态旅游过程中“具备环境保护行为（E7）”、“尊重当地居民传统（E8）”，以及要求生态旅游的开发管理者“控制旅游者数量（E6）”，这是作为生态旅游者从自身的角度做出的对生态旅游负责的要求，所以也把这三项纳入到了旅游者的利益要求评价指标体系当中。大明山开发中的各个主要利益相关者对旅游者的利益要求评价结果及差异性表现见表14－14、表14－15。

表14－14　针对旅游者的利益要求评价均值表

类型 指标	旅游者	大明山管理局	生态旅游经营者	社区居民
E1	4.36	4.41	4.23	3.79
E2	4.37	4.40	4.10	4.03
E3	4.18	4.44	4.18	3.83
E4	4.27	4.48	4.28	3.75
E5	4.27	4.52	4.21	4.30
E6	4.05	4.22	3.10	3.33
E7	4.26	4.44	4.18	4.30
E8	4.18	4.20	4.02	4.03
E9	4.31	4.30	4.35	3.86

表14－15　旅游者利益要求评价差异表

评价指标	I	J	平均差值（I－J）	P值
旅游者体验原生态的景观（E1）	旅游者	社区居民	0.564（*）	0.000
旅游者人身和财产安全得到保障（E2）	旅游者	社区居民	0.332（*）	0.001
旅游价格合理（E3）	旅游者	大明山管理局	－0.264（*）	0.020
		社区居民	0.342（*）	0.001
旅游服务质量满意（E4）	旅游者	社区居民	0.516（*）	0.000
旅游交通便利（E5）	旅游者	大明山管理局	－0.246（*）	0.018

续表

评价指标	I	J	平均差值（I－J）	P值
控制旅游者数量（E6）	旅游者	生态旅游经营者	0.952（*）	0.000
		社区居民	0.722（*）	0.000
旅游者在旅游过程中学习自然生态知识（E9）	旅游者	社区居民	0.443（*）	0.000

注：*表示显著性水平为0.05。

根据独立样本T检验和单因素方差分析的结果，可以发现大明山生态旅游开发中的其他几类主要利益相关者对旅游者的利益要求评价存在显著性差异：①大明山周边社区居民对旅游者的原生态体验、人身财产安全、旅游价格合理、旅游服务质量满意、旅游过程中的学习、控制旅游者数量等利益要求的评价均与旅游者的期望存在较大差异；②对于与大明山管理局利益要求比较密切的旅游价格合理和旅游交通便利这两项指标，大明山管理局比旅游者提出的期望值还要高；③大明山生态旅游经营者对旅游者提出的要控制旅游者数量的要求的评价得分与旅游者的期望值相去甚远，两者对此项指标的评价得分均值之差达到0.952，说明生态旅游经营者非常不同意大明山生态旅游区控制旅游者的数量。同时，由这个分析结果还可以看出，大明山生态旅游开发中的各个主要利益相关者对于旅游者的具备环保行为和尊重当地的居民传统这两个要求的评价都很一致，不存在显著性的差异。造成这种差异的原因有：①从接受调查的大明山周边的社区居民可以普遍地反映出社区居民的接受教育的程度较低，文化素质不高，因而对大明山生态旅游的理解不是很到位，造成了对生态旅游者的多项自身利益要求存在理解偏差；②大明山管理局对大明山生态旅游开发的现状非常满意，这是对他们自己工作的肯定，同时也的确希望通过提供合理的旅游价格和便捷的交通条件来满足旅游者的要求；③控制景区的旅游者数量与生态旅游经营者的经济利益目标相冲突，没有了旅游者就失去了经营者的经济利益，这是生态旅游经营者不期望发生的事情。另外还有一个现实情况就是大明山的生态旅游开发刚处于起步的阶段，前往大明山旅游的旅游者还不足以影响到大明山的生态环境和出现严重的资源破坏行为。

（2）对大明山管理局的利益要求评价差异分析，见表14－16。

表14－16　针对大明山管理局的利益要求评价均值表

类型 指标	大明山管理局	旅游者	生态旅游经营者	社区居民
E15	4.39	4.22	4.25	3.81
E16	4.45	4.25	4.50	4.13
E17	4.41	4.21	4.31	4.52
E18	4.45	4.17	4.15	3.61
E19	4.39	4.26	4.33	3.83
E20	4.59	4.20	4.23	3.98
E21	4.54	4.18	4.40	4.49
E22	4.46	4.26	4.13	3.98
E23	4.39	4.21	4.18	4.12
E24	4.27	4.19	4.33	3.91

大明山管理局既是生态旅游开发的管理者，又是自然保护区的保护事业的建设者和管理者；既承担了大明山生态旅游基础设施的建设任务，又担负着保护大明山良好的生态环境和多样性的生物资源的重任，可谓是任重而道远。因此，在设计大明山管理局的利益要求的时候，必须要考虑到这两个方面的因素。从保护区事业的角度来看，“促进保护区保护事业的发展（E15）”、“通过发展旅游业来减少当地居民对自然资源的破坏（E22）”这两个项目是大明山管理局需要考虑到的利益要求；从生态旅游开发的角度来看，本书选用了“促进生态旅游的发展（E16）”、“完善生态旅游相关制度（E18）”、“协调保护区、居民、经营者、旅游者的关系（E19）”、“对保护区从业人员、居民、旅游经营者、旅游者提供生态旅游宣传教育（E20）”四个指标来衡量管理局的生态旅游开发利益要求。除此之外，生态旅游是一种立足于社区发展的旅游方式，作为生态旅游开发的管理者，还必须要考虑社区经济的发展，解决社区居民的就业问题，因此“促进当地经济发展（E17）”、

“改善当地人生活水平（E21）”、“为社区居民提供旅游相关知识和技能培训（E23）”、“制定有利于社区参与旅游的决策（E24）”这四个项目也纳入到了大明山管理局的利益要求的指标体系中，具体的各个主要利益相关者对大明山管理局的利益要求评价及差异性表现见表14－16、表14－17。

表14－17　大明山管理局利益要求评价差异表

评价指标	I	J	平均差值（I－J）	P值
促进保护区护事业的发展（E15）	大明山管理局	社区居民	0.311（*）	0.004
通过发展旅游业来减少当地居民对自然资源的破坏（E22）	大明山管理局	生态旅游经营者	0.338（*）	0.044
		社区居民	0.481（*）	0.000
促进生态旅游的发展（E16）	大明山管理局	社区居民	0.583（*）	0.000
完善生态旅游相关制度（E18）	大明山管理局	旅游者	0.280（*）	0.007
		生态旅游经营者	0.300（*）	0.040
		社区居民	0.838（*）	0.000
协调保护区、居民、经营者、旅游者的关系（E19）	大明山管理局	社区居民	0.553（*）	0.000
对保护区从业人员、居民、旅游经营者、旅游者提供生态旅游宣传教育（E20）	大明山管理局	旅游者	0.381（*）	0.001
		生态旅游经营者	0.360（*）	0.027
		社区居民	0.603（*）	0.000
改善当地人生活水平（E21）	大明山管理局	旅游者	0.355（*）	0.000
为社区居民提供旅游相关知识和技能培训（E23）	大明山管理局	社区居民	0.267（*）	0.025
制定有利于社区参与旅游的决策（E24）	大明山管理局	社区居民	0.359（*）	0.003

注：*表示显著性水平为0.05。

由独立样本 t 检验和单因素方差分析的结果可知，其他几类主要利益相关者对大明山管理局的利益要求评价存在的显著性差异体现在：①除促进当地社区经济发展和改善当地居民的生活水平这两个与社区居民的直接经济利益紧密相连的利益要求之外，社区居民对大明山管理局的其他利益要求的评价均存在显著性差异；②生态旅游经营者和社区居民对大明山通过发展生态旅游来减少当地居民对自然保护区的破坏的期望值低于大明山管理局对此利益要求的期望值；③旅游者对大明山管理局改善当地人的生活水平的看法与大明山管理局存在偏差；④旅游者、生态旅游经营者和社区居民这三类主要利益相关者同时对大明山管理局提出的完善生态旅游相关制度和对保护区从业人员、居民、旅游经营者、旅游者提供生态旅游宣传教育这两个要求的评价均值与大明山管理局对其的期望值之间存在较大差距；⑤其他三类主要利益相关者对促进当地经济的发展这一利益要求的评价与大明山管理局的期望值基本一致。造成差异的主要原因有：①社区居民对大明山自然保护区的资源的需求与大明山管理局的资源保护政策之间存在冲突，而且大明山管理局想通过发展生态旅游来吸引社区居民参与生态旅游开发、减少社区居民对资源的破坏的策略，其实际实施效果并不是很理想，社区参与旅游的程度很低，因而造成了社区居民对除了自己能亲身体验得到的经济实惠以外的其他利益要求的期望值不高；②生态旅游经营者与大明山管理局之间存在的管理与被管理关系造成了生态旅游经营者针对大明山管理局的利益要求的评价存在差异，从生态旅游经营者的角度来看，大明山生态旅游开发大明山管理局能否制定完善的生态旅游管理制度、能否向其他几类主要利益相关者提供生态旅游宣教或培训、能否减少社区居民对大明山生态资源的破坏都与他们目前的经济利益的获取之间不存在很直接的联系，他们最关注的是如何从旅游经营中获得一定的经济收益，因此生态旅游经营者对上述的几个利益要求的期望值要明显低于大明山管理局的期望值；③由于大明山的生态旅游还刚刚处于起步的阶段，因此大明山的生态旅游者在许多方面的表现还不具备真正意义上的生态旅游者的特征，这是他们对社区居民的利益、完善的生态旅游制度、大明山管理局的生态旅游宣教工作等方面关注度不高的主要原因。

(3) 对生态旅游经营者的利益要求评价差异分析。大明山生态旅游经营者是要在大明山生态旅游开发中直接取得经济收益的一类利益相关者，从管理学公司治理的角度来看，如果把大明山生态旅游开发过程看做一个公司治理的过程，那么生态旅游经营者就扮演着股东的角色，而古典经济学中的股东的利益要求就是追求最大化的经济利益，所以生态旅游开发中生态旅游经营者肯定摆脱不了追求经济利益的目标要求。当然，生态旅游经营者与股东相比，他们又有着特有的群体特征和利益要求取向，那就是要为当地社区的发展承担更多的社会责任，不能一味地去追求自己的经济利益。再者就是要为生态旅游开发区域的生态环境负责，不破坏当地的自然资源和生态环境，不以牺牲环境的代价来换取目前的经济利益。综合以上几个方面的考虑，本书把“旅游投资者从旅游开发中赚钱（E10）”、“制定保障当地居民在旅游中获得优先就业的措施（E11）”、“旅游投资收益有部分回报当地社区（E12）”、“旅游开发与当地生态环境相协调（E13）”、“旅游经营没有破坏当地生态环境及资源的行为（E14）”等包含了经济利益要求、社会利益要求和生态利益要求在内的五个项目设置为大明山生态旅游经营者的利益要求指标，具体的各个主要利益相关者对大明山生态旅游经营者的利益要求评价及差异性表现见表 14－18、表 14－19。

表 14－18　针对生态旅游经营者的利益要求评价均值表

类型 / 指标	生态旅游经营者	旅游者	大明山管理局	社区居民
E10	3. 80	3. 83	3. 96	3. 75
E11	4. 18	4. 09	4. 20	4. 55
E12	3. 95	4. 06	4. 16	4. 43
E13	4. 25	4. 27	4. 44	3. 91
E14	4. 00	4. 28	4. 54	4. 27

由表 14－18 的独立样本 T 检验和单因素方差分析结果可知，其他三类主要利益相关者针对大明山生态旅游经营者的五个利益要求的评价

中，除对旅游投资者从旅游开发中赚钱这个利益要求都持肯定意见外，对其他四个利益要求的评价均存在显著性差异：①生态旅游经营者对与社区居民有关的两个利益要求期望值低于社区居民对此两项利益要求的期望值；②生态旅游经营者对与生态环境相关的这一利益要求的期望值要高于社区居民对其的评价均值；③大明山管理局针对生态旅游经营者的旅游经营没有破坏当地的生态环境和资源的行为这一利益要求的评价与生态旅游经营者对此要求的期望之间存在较大差距，两者之间的均值得分相差达 0.537，明显可以看出大明山管理局特别希望生态旅游经营者能够实现这一生态要求。造成社区居民与大明山管理局对生态旅游经营者的利益要求的评价差异的原因有：①社区居民在大明山生态旅游开发的过程中，很想从生态旅游开发中获得一定的经济利益，这种经济利益获得的途径包括得到就业机会和旅游开发收益回馈社区，而就业机会的提供和旅游投资收益的回馈的主体就是生态旅游经营者，所以社区居民非常期望生态旅游经营者的社会利益要求能够实现。而从生态旅游经营者的角度来看，履行自己的社会责任虽然是必需的，但是期望的程度可能要比受益者社区居民低很多，这就造成了第一个评价差异的出现。②对于生态旅游开发要与生态环境相协调这个生态要求，社区居民限于文化水平以及大明山管理局的宣教情况，他们对生态环境的保护观念还比较淡薄，相比较文化素质较高的生态旅游经营者，社区居民对旅游开发与生态环境相协调的期望肯定会低于生态旅游经营者对此要求的期望。③大明山管理局与生态旅游经营者之间存在管理与被管理的关系，对于生态旅游经营者出现破坏生态环境和资源的行为，大明山管理局肯定是不愿意看到的，所以他们理所当然地希望生态旅游经营者能够自觉遵守自然保护区生态旅游开发的原则和章程，不要出现破坏保护区生态环境和资源的现象。相比较而言，虽然大明山生态旅游经营者也期望能实现这个生态利益要求，但是其对这个利益要求的期望要远远低于大明山管理局对此的期望。

（4）对社区居民的利益要求评价差异分析。社区居民参与到生态旅游开发当中是生态旅游内涵的一部分，也是大明山生态旅游开发成功的关键因素。在很多案例的研究中，旅游目的地与社区居民的关系处理

表 14－19 生态旅游经营者利益要求评价差异表

评价指标	I	J	平均差值（I－J）	P值
制定保障当地居民在旅游中获得优先就业的措施（E11）	生态旅游经营者	社区居民	－0.373（*）	0.012
旅游投资收益有部分回报当地社区（E12）	生态旅游经营者	社区居民	－0.486（*）	0.002
旅游开发与当地生态环境相协调（E13）	生态旅游经营者	社区居民	0.338（*）	0.029
旅游经营没有破坏当地生态环境及资源的行为（E14）	生态旅游经营者	大明山管理局	－0.537（*）	0.001

注：*表示显著性水平为0.05。

不好给旅游景区的开发带来了毁灭性的影响。究其深层次的原因，就是社区居民没有从旅游景区开发获得一定的经济利益，甚至旅游开发损害了他们既有的利益。在大明山生态旅游开发中，大明山周边的社区居民要参与到旅游开发当中，使他们获得一定的经济利益，这样既能充实生态旅游的内涵，又能缓解旅游景区与周边社区居民之间的矛盾和冲突，以达到和谐共建旅游社区的目的。从此目的出发，本书把“当地居民从旅游开发中获得经济收入（E25）”、“旅游开发为当地居民增加就业机会（E26）”、“旅游征地补偿合理（E28）”等项目作为社区居民的经济利益要求指标，把“旅游不应该干扰当地居民正常生活（E29）”、“旅游开发后当地基础设施得到改善（E27）”这两个项目作为社区居民的社会利益要求指标，以及把“促进当地社区环境改善（E30）”作为环境利益要求纳入到指标体系中。另外，当地居民对旅游开发工作的态度也对旅游景区的发展和稳定起着至关重要的作用，增加“当地居民支持旅游开发工作（E31）”这个指标，是社区居民对其他三类主要利益相关者做出的承诺和保证，也是社区居民综合利益要求的一部分。具体的

各个主要利益相关者对大明山周边社区居民的利益要求评价及差异性表现见表14－20、表14－21。

表14－20 针对社区居民的利益要求评价均值

指标＼类型	社区居民	旅游者	大明山管理局	生态旅游经营者
E25	4.52	4.27	4.29	4.13
E26	4.52	4.21	4.22	4.26
E27	4.30	4.16	4.30	4.49
E28	4.35	4.13	4.16	4.10
E29	4.01	4.14	4.39	4.20
E30	4.26	4.28	4.60	4.18
E31	3.78	4.29	4.52	4.25

由表14－20的独立样本T检验和单因素方差分析结果可知，其他三类主要利益相关者对社区居民的某些利益要求的评价存在显著性差异：①大明山管理局针对社区居民的经济利益要求的期望评价要明显低于社区居民的期望值，而对周边社区居民的社会利益要求、环境利益要求和综合利益要求的期望程度要比社区居民的期望程度高得多，特别是对“当地居民支持旅游开发工作”的期望均值要比社区居民对此的期望均值高出0.749；②旅游者对社区居民的利益要求的期望也与社区居民之间存在很大的差异性，旅游者对社区居民提出的三个经济利益要求的期望都没有社区居民那么强烈，而对社区居民提出的支持旅游开发工作的期望值却明显比社区居民的要高；③生态旅游经营者对“社区居民从旅游开发中获得经济收入”这个利益要求的评价得分要低于社区居民的期望值，而对“当地居民支持旅游开发工作”的期望得分要高于社区居民的期望值。由此可以看出，其他三类主要利益相关者针对社区居民的经济利益要求的评价都偏保守，期望值都不是很高，而对社区居民社会利益的肯定度非常高，与社区居民之间的期望值存在较大的差异。究其原因，主要有以下几个方面：①社区居民的受教育水平以及生活经

历决定了社区居民的利益要求重心是在经济利益方面，因此社区居民对经济利益的追求非常强烈，而其他三类主要利益相关者虽然期望社区居民能从大明山生态旅游开发获得一定的经济收入，以改善他们目前的生活境况，达到缓解社区居民与其他利益相关者之间的矛盾的目的，但是与社区居民对自己经济利益要求期望程度相比，其他三类主要利益相关者对这些利益要求的期望紧迫性肯定要低很多。②每一类利益相关者都有自己的利益关注焦点，一旦把精力都集中到关注的利益焦点上去之后，必然会对其他的利益关注度减少，甚至不去关注其他的利益要求。社区居民所关注的利益焦点是经济利益要求，而社会利益要求、环境利益要求是生态旅游开发带来的附加利益，所以社区居民在面对附加利益的时候，就不会显示出追逐经济利益的那种坚定的决心。尽管社区居民对这些利益期望的均值基本达到4.0左右，但是相比较那些愿意为社区居民的附加利益作出贡献的其他三类利益相关者来说，社区居民对这两类利益要求的期望值还是与某一主要利益相关者或是其他全部的主要利益相关者之间存在一定的差距。③针对“大明山周边社区居民支持当地的旅游开发工作”这个综合利益要求的评价，其他三类主要利益相关者都表示了很高的期望，而社区居民对此的期望值却只有3.78，这是因为其他三类主要利益相关者非常想在旅游开发中得到社区居民的支持，这样就可为和谐开发大明山的生态旅游做好铺垫。但是在社区居民参与生态旅游程度不高的情况下，或者在分享不到生态旅游带给他们利益的情况下，社区居民是很难作出支持旅游开发的决定的。所以这就造成了其他三类主要利益相关者对社区居民这个利益要求的评价与社区居民本身的评价之间存在显著性差异的原因。

（5）小结。综上分析，大明山生态旅游开发中每一类主要利益相关者都有自己的利益要求，且每一类主要利益相关者对其他主要利益相关者的核心利益要求的评价存在显著性的差异。正是因为这种评价差异的存在，才造成了各个主要利益相关者在大明山生态旅游开发过程中对各自利益的追求时产生利益冲突，究其冲突的根源，主要有以下几个方面：

表 14-21 社区居民利益要求评价差异

评价指标	I	J	平均差值（I-J）	P 值
制定保障当地居民在旅游中获得优先就业的措施（E11）	生态旅游经营者	社区居民	-0.373（*）	0.012
当地居民从旅游开发中获得经济收入（E25）	社区居民	旅游者	0.252（*）	0.008
		大明山管理局	0.229（*）	0.040
		生态旅游经营者	0.397（*）	0.005
旅游开发为当地居民增加就业机会（E26）	社区居民	旅游者	0.307（*）	0.003
		大明山管理局	0.300（*）	0.014
旅游征地补偿合理（E28）	社区居民	旅游者	0.226（*）	0.034
旅游不应该干扰当地居民正常生活（E29）	社区居民	大明山管理局	-0.381（*）	0.002
促进当地社区环境改善（E30）	社区居民	大明山管理局	-0.337（*）	0.004
当地居民支持旅游开发工作（E31）	社区居民	旅游者	-0.516（*）	0.000
		大明山管理局	-0.749（*）	0.000
		生态旅游经营者	-0.474（*）	0.003

注：*表示显著性水平为0.05。

①大明山管理局扮演角色过多，难以兼顾多个方面的利益平衡。大明山管理局在大明山生态旅游中既扮演了保护区管理者的角色，又扮演了生态旅游开发的管理者和旅游景区的经营者。站在保护区管理者的角度，大明山管理局的核心利益要求是保护好大明山国家级自然保护区的生物多样性和促进大明山保护事业的发展；站在生态旅游开发管理者的角度，其核心利益要求的维护好生态旅游开发的正常秩序，协调好生态旅游开发过程中众多利益相关者的利益分配问题；而站在生态旅游景区

开发经营者的角度，从生态旅游开发经营中获得一定的经济收入，以缓解大明山保护区保护经费的紧张，是大明山管理局首先要考虑的利益要求。多个角色的重叠，使大明山管理局的利益要求变得非常复杂，甚至其利益要求之间就会发生冲突，这就难以兼顾到各个方面的利益要求，影响大明山管理局正常职能的发挥。作为大明山生态旅游管理者，在其不能平衡好自身各方面的利益要求的前提下，很难制定出适合大明山生态旅游开发的管理措施，这就很容易导致其他主要利益相关者在追求自己的利益时引发矛盾冲突，给生态旅游开发管理带来困难。

②生态旅游经营者的生态旅游意识淡薄。生态旅游是一种社区参与程度高、对旅游开发区域生态环境负责任的一种旅游方式。从前面的分析中可以看出，大明山生态旅游经营者对涉及社区居民参与旅游或是从旅游中分享到经济利益的评价均值得分都不是很高，对其中大部分指标的评价与社区居民的利益要求期望之间存在显著性差异。造成这种状况的原因主要是因为大明山生态旅游经营者的生态旅游意识淡薄，在旅游经营过程中不愿意看到当地的社区居民参与到生态旅游开发中来，也不太情愿把生态旅游经营获得的部分收益投资回报当地社区。生态旅游经营者的这种做法会影响到社区居民参与生态旅游开发的热情，并会大大损害社区居民的经济利益，加深社区居民与其他主要利益相关者之间的矛盾，给大明山的生态旅游开发带来不和谐的因素。

③社区居民文化素质偏低，对生态旅游理解存在偏差。从调查的样本所取得的信息来看，社区居民接受教育的程度偏低，再加上留守当地的以老年人和妇女居多。限于年龄因素和受教育程度的影响，社区居民的整体素质不高，接受新事物的能力较弱。在调查中发现，社区居民对生态旅游的实质含义的理解不是很到位，他们只注重自身经济利益要求的追求，而忽视了作为生态旅游要为生态环境负责的生态要求。社区居民在对其他三类主要利益相关者的利益要求的评价中，针对与自身相关的利益要求如就业、获得经济收入、获得征地补偿等的评价，其期望要远远高出其他利益相关者的；而对于其他与他们自身经济利益没有直接联系的生态要求和社会要求的评价，其期望就要明显低于其他三类主要利益相关者。作为生态旅游目的地社区的居民，既要有经济利益的获

得，又要承担对生态旅游的生态利益要求，这是生态旅游对社区居民最起码的基本要求。

二、广西龙虎山自然保护生态旅游开发中利益相关者利益协调研究

（一）广西龙虎山自然保护区旅游开发概况

1. 景区发展概述

龙虎山自然保护区位于南宁市西北面83km处隆安县境内。保护区于1987年申请成为自治区一级风景名胜区，2009年1月被评为3A景区[54]。现由民营旅游公司承包运作。

现已开发的旅游项目包括深山逗猴、绿水江泛舟、壮乡竹桥、中药园、金龙寨农家乐和绿水江皮筏艇漂流。其中，最重要的旅游项目是深山观猴，作为中国“四大猴山”之一的龙虎山，自1983年开始人工定点招引投喂以来，深山观猴已成为龙虎山最大的旅游特色。众多猴子集散在路边、桥头、沿江迎接宾客，与游客互动，嬉戏玩耍，合影留念，野趣无穷。

2. 景区从业人员概述

景区从业人员划分为专职和实习学生两类，其中专职从业者人数稳定在30~35人，实习学生的数量视游客流量而浮动。人力调配方面，景区下设了5个常务部门，包括导游服务部、金龙寨农家乐服务部、特色餐厅、猕猴饲喂组、综合办公室。由于景区是在自然保护区的基础上筹建，地理位置较偏，距最近的乡镇都有3km，专职员工需工作日居住在景区；因工资水平、住宿环境、娱乐设施等各方面均滞后，龙虎山景区专职从业者中，学习旅游相关专业的从业人员流失率极高，本地农民占到全部员工数的95%。

3. 周边社区概况

龙虎山景区周边社区涉及隆安县乔建镇和屏山两个乡镇，3个行政村，25个自然屯。即乔建的新光和龙尧2个村，屏山雅梨村。位于景区周边的3个行政村均是壮族群众聚居的少数民族村，也是典型的贫困村，部分村屯至今尚未通公路。一方面因为当地属于石山区，可耕种土地少，再加上自然保护区封闭保护了大量的自然资源，人居耕地面积仅

3 分田地。社区群众主要靠种植水稻、香蕉以及外出务工为生，人均年纯收入在 1400 元左右。

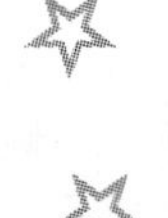

（二）广西龙虎山自然保护区旅游开发利益相关者分析

1. 龙虎山景区利益相关者界定

所谓利益相关者是指“那些能够影响企业目标达成，或者在企业达成目标的过程中受到影响的个人和群体”[55]。综观国内外对利益相关者理论的探讨，国外研究方面，最早是在 20 世纪 60 年代，鉴于美国的企业经营困难、劳资矛盾和劳动合同纠纷等问题日益尖锐，斯坦福大学学者提出了“利益相关者” 这一概念；此后，经过众多学者的推动和系统化，逐渐完善利益相关者理论。该理论目的在于将利益相关者问题纳入组织内部程序，认为企业的本质是企业利益相关者间相互关系的联结；利益相关者从“影响” 到 “参与” 再到 “共同治理”，能够有效地把冲突转化为合作，有助于利益相关者之间的长期合作，并形成有效的制衡机制。

以龙虎山景区为例进行分析，旅游景区的开发和管理中，以投资经营者为中心，相关利益者由上而下涉及旅游管理部门、所在地政府、自然保护区管理机构、周边社区居民和景区从业人员四类社会阶层。

2. 龙虎山景区利益相关者影响力/活力矩阵

影响力/活力矩阵（Power/DynamismMatrix）是利益相关者理论中运用广泛的图示，此分析图根据利益相关者的影响力及其活力对其进行分类。通过这一矩阵，企业能够探知在实施新战略过程中要对各利益相关者分别采取怎样措施。在矩阵中，A 组（低影响力低活力）的利益相关者最容易应对。C 组（高影响力低活力）利益相关者因为具有相当的力量，所以属于重要的利益相关者。B 组（低影响力高活力）因为活力较高，他们的行为态势不具有可预见性，其利益需求相对不容易处置。D 组（高影响力高活力）利益相关者不仅具有很强的影响力而且具有非常高的活力，他们的行为态势难以预见，所以最需要引起企业管理层的注意[56]。对于龙虎山景区，依据四方面利益相关者的影响力及其活力，可编制龙虎山景区利益相关者矩阵如表 14－22 所示。

表 14-22　龙虎上景区利益相关者矩阵

活力影响力	低	高
低	A 旅游管理部门	B 周边社区居民
高	C 当地政府/自然保护区管理机构	D 景区从业人员

其中，景区投资经营者作为利益核心，概括而言需要关注以下两个问题：

首先，在制定战略计划和实施重大项目时，须密切关注高影响力利益相关者的反映；

其次，日常运营管理中，需要重点关注高活力利益相关者。

本书所举例的龙虎山景区，D 组景区从业人员具有很强的影响和高活力，企业管理层需要通过尽量完善的制度来进行监管和约束；B 组当地社区居民虽然力量较为薄弱，但活力高，其利益需求变动性大，需要不断给予关注，及时采取相应调整策略。在实际日常运作中，既然需要给予 D 组景区从业人员和 B 组当地社区居民足够重视，如若可以将二者进行整合，则可节省很大的精力和经济投入。

（三）广西龙虎山景区利益相关者的冲突分析

自然保护区往往为地理位置偏僻、人均生活水平较低的地区。自然保护区的旅游业开发将与当地政府、相关管理部门、社区居民发生密切的关联，不可避免地产生这样或那样的冲突和矛盾。冲突涉及经济、社会关系、环境等多个方面。总体来说，矛盾是深刻的、冲突的形式是多种多样的，冲突造成的社会影响是深远的。

1. 利益冲突具体表现

（1）经济利益的冲突。一方面表现在大量外来者推动了当地物价提高。乡村社区居民自身也是消费者，部分农民对部分农产品可以通过自主生产满足消费需求，但不可能全面满足。销售初级农产品之后，需要在市场上购买经过加工的如粮油等其他产品满足需要，大量的外来旅游者推动了食、住、行各方面的旺盛需求，造成农民生活负担加重，部分农村家庭生活消费支出明显增加。

另一方面是随着旅游开发的深入，周边社区居民由于文化教育等方

面的差异，没有足够能力参与许多旅游项目，逐渐失去就业机会。

（2）自然环境的冲突。集中表现在开发建设性破坏。景区的开发需要占用一定的土地来建设基本硬件设施，出于自身利益的考虑，很少有开发商主动进行综合效益的评估，后果是旅游业优先发展项目加速发展，对旅游资源过度开发。实地考察得知，景区为满足游客而大兴土木，众多的商业化景观挤占了具有多种生态功能的原始景观，对生态造成破坏。

（3）卫生生活条件的矛盾。旅游污染对周边社区居民的日常生活卫生产生巨大的负面影响。大量的外来游客所产生的白色垃圾等固体废弃物、排泄物，造成水源污染、大气污染，自然系统的自身净化因遭到过量冲击而导致质量下降。卫生生活条件的恶化直接影响到周边群众的日常生活，很容易激发和激化景区经营者与周边社区居民的矛盾。特别是位于龙虎山景区沿河下游的村落，对于景区开发所致的河水污染已有强烈的不满。

（4）管理体制的冲突。随着旅游发展，在2000年以后，国内自然类景区管理的权限被转移至所在地政府。目前，自然类景区的建设资金一般来源于三个方面：私人投资、国家、地方政府，而收益分配也是按照这个顺序递减。首先，因地方经济规模不足，发展旅游的偏好使农业、渔业等部门和产业的可利用的资源以及基础设施投入减少；其次，因旅游业与其他产业的关联度不强，对所在地的经济带动能力不够；最后，监管方和投资经营者很难就环保和环境治理的费用开销达成融洽和共识。总之，传统的自然保护区旅游开发一般采取“自上而下”的开发模式，但这种模式在地方层次上往往受到来自不同程度的“自下而上”力量的冲突和抗争。

（5）区位劣势致员工流失。依托自然保护区所开发的景区多位于地理位置偏远，公共配套设施不足的区域。专职员工工作日须居住在景区内。由于工资水平、住宿环境、娱乐休闲设施等各方面的滞后，景区难以留住年轻的高学历、高素质的员工。而旅游景区的经营中，年轻化、知识化的员工构成才能外塑形象、内推进取。高学历、高素质员工流失率畸高对于景区的运营和发展影响极为不利。

2. 利益冲突核心症结

由以上分析可以看出，自然保护区旅游开发所带来的一系列利益冲突中，与周边社区居民直接相关的占了大半；而其他利益相关者之间的冲突，究其内因很多也是周边社区居民作为内推力和矛盾源头，例如当地政府和投资经营者就环境治理费用开销所产生的冲突等。

冲突分析的结论与利益相关者影响力/活力矩阵的分析结果相一致，协调旅游开发与当地社区之间的利益平衡，是实现自然保护区发展的关键，必要且紧迫。

（四）利益相关者的协调—广西龙虎山景区“农民工旅游从业者”运营模式

历年来关于旅游开发的学术研究中，旅游小企业能否为当地居民提供更多的可行的就业机会一直是备受关注的问题[57]。广西龙虎山自然保护区继外包经营以来，长期坚持录用、培训、提拔当地农民成为景区工作人员，将“农民工旅游从业者”作为协调自身利益与周边社区利益的重要举措。特别是在景区导游招聘这一板块，逐渐形成了可行性高、富有创新意义的“农民工导游员”模式。

1. 模式简介

当地农民，通过自我推荐——公司测验——游客评价三个方面循序的检测后，即成为正式的景区讲解员，测验期总计时长3个月。

2. 该模式协调景区与社区利益的优势

通过为成本管理是旅游企业战略管理的一项重要内容，恰当的成本管理能使企业获得更强、更持续的竞争力。“农民工旅游从业人员”经营战略的优势，集中体现在农民工自身条件与广西地区旅游企业现阶段需求的高度贴合。

（1）提升社区居民对景区开发的满意度。提高经济收入。龙虎山景区所在地是国家级贫困县的大石山区，2010年人均年收入仅1740元，故龙虎山景区开出底薪450+提成的工资水平，就能超越农民种田的收入，当地村民中被录用为景区从业人员者，有效提高了家庭经济收入。

传统民俗文化得到弘扬。龙虎山景区所在地隆安县是壮族自治县，

90% 人口为壮族。土生土长的壮族导游在接受入职培训和实习阶段，被深入引导和深化其民族传统和风俗习惯。无论是沿途导览讲解时描述壮族的风俗习惯、风味小吃；还是土导游唱山歌的神韵，都是民族风情得到弘扬的佐证。

（2）景区经营者得到切实利益，可行性高。员工对工资和福利待遇要求低。每月不足千元的工资标准对照偏僻、艰苦的生活环境，想招聘外来人员或者高校毕业生是有困难的。而农民工在积累工作经验后，也可以达到景区服务人员的标准，农民工旅游从业者和景区高层管理者就薪水和福利这一块，达成了较好的心理契约。

农民工从业者能够接受柔性的工作任务。龙虎山风景区由事业单位转企后，为压缩运营成本，要求景区导游员不仅肩负正常的接待讲解工作，还要每天打扫停车场、清理前门附近的草坪杂草，不定期参与各种义务劳动，这是高校毕业生所难以接受的。农民工从业者的踏实、肯吃苦，为公司正常运营和发展立下了汗马功劳。

淳朴地道的民俗风情。本地农民工旅游从业者，能够娓娓道来地给游客讲解壮族的风俗习惯、风味小吃；土导游唱山歌的神韵能留给客人极深刻美好的印象，直接提高了景区的知名度和美誉度。

员工流失率低，公司运转稳定。对于旅游企业而言，雇员的流动特别是优秀员工的流失问题是近年来困扰行业管理者的一个难题，过高的流动率会对企业的经营和管理带来巨大负面影响[58]。以龙虎山景区为例，其主要旅游项目是近距离无障碍观猴戏猴，需要导游员花较长时间来熟悉猴群、分辨不同猴子的情绪变化和攻击性大小，才能有效避免猴伤，确保游客最基本的人身安全；且根据猴群的动态变化灵活地把讲解词融入游程里见景叙词，避免呆板地说教。因此，从新手成为合格的龙虎山景区讲解员，至少需要 2 个月时间（黄金周时临时雇用的实习学生，仅能起到最基本的引导作用）。从外地或高校招聘的导游，因为各种原因，95% 不超过 8 个月就会离职。员工流失导致人力资源成本的增加、服务质量下降、对其他在岗人员的情绪及工作态度上产生消极影响，还因服务质量的不稳定致使游客量流失。而龙虎山景区聘用的本地土导游，因为方便照顾家、生活环境熟悉等原因，流失率低，平均在职时间超过6年，工龄最长者已达13年之久。

（五）“农民工旅游从业者”模式在协调景区与社区利益的创新

“农民工旅游从业者”战略作为内部实现成本控制、对外协调相关者利益的有效方法，成功地实现了龙虎山自然保护区旅游业的管理创新。即根据市场和社会的变化整合人才、资本、科技要素，不断创造出使用价值更高、相对成本更低、个性更鲜明的新方法和新产品，既能实现企业经济效益又能尽到社会责任[59]。其创新之处体现在以下三方面：

1. 响应国家政策，尽到社会责任

新农村建设是近年国家重点工程，其中农民收入的转方式、上水平成为各方关注的热点问题。从上述的分析中可以看出，龙虎山景区的“农民工旅游从业者”战略，发挥了旅游企业应尽的社会责任，为当地农村产业结构调整、农民转型增收提供了宝贵机会。

2. 形成企业特色，打造独特品牌

公司积极鼓励和支持农民工个人发展，以“猴子妈妈”为例，从职员家属到景区保洁员再到一线导游，她15年来不断努力改变命运的历程，不仅打动了游客，还两度受到央视7套的专访，以54岁导游能歌善谈的形象，成为企业响亮的名片。其他农民工也得到了不同程度的机会和发展。农民工从业者积极向上、充满朝气的精神面貌构成了龙虎山景区个性鲜明的企业文化。

3. 创造经济效益，实现成功运营

“农民工旅游从业者”战略，对比于聘用外来人员或高校毕业生，相对成本更低。对于投资旅游开发的小型私营企业而言，成本事关企业可持续发展乃至生死存亡。龙虎山景区逐渐稳定下来的当地壮族农民工从业者，正在并将长久、有效地实现企业经济效益，从而推动了自然保护区的开发，实现旅游业顺利发展。

第五篇

广西林业系统自然保护区管理模式选择

第十五章

自然保护区现行的管理模式

一、自然保护区管理模式分类

（一）“堡垒式”绝对保护型管理模式（即封闭保护模式）

该类管理模式奉行的是绝对保护思想，强调自然保护区一草一木都不能动，禁止开发利用，实行“堡垒式”管理模式[60]。在自然保护区管理中采取的主要措施是应用政策和法律手段，并通过保护机构进行强制性保护。这种模式，一是无法调动社会的力量，特别是自然保护区所在社区村民的参与，使保护成为一种社会行为；二是强制性保护使资源保护与社区经济发展的矛盾进一步激化，矛盾的焦点就是自然资源的保护与利用[61]。绝对保护型管理模式在保护资源和环境方面具有积极的作用，但不利于市场经济条件下自然保护区的深层次发展和自然资源的合理开发利用，且自然保护的宣传教育等工作也处于封闭状态，自身发展能力薄弱。我国绝大多数自然保护区在20世纪80年代中期以前均属于这样的管理模式，目前新建的一些省级、县级自然保护区仍处于此类管理状态[62]。

（二）生物圈保护管理模式（即协调管理模式）

该模式强调自然保护区要发挥保护、科研、检测、教育、培训、发展等多项功能，尤其是强调自然保护区对当地资源的合理利用以及经济发展的促进作用，强调“保护与发展结合”、“人类与自然和谐”，实行开放的保护管理策略。它不但向自然保护区社区居民，同时也向全社会展示了包容社会、经济、生态、文化、精神多方面需求的有科学依据的

可持续发展的样板。该模式具有较好生态、经济和社会效益，是自然保护区走向成熟的管理模式。然而，在实际中全面实施协调管理型的管理模式并非易事，因为它是向传统的封闭保护的挑战，它的目标的实现需要广泛地协调行动，需要立法、体制、机制、机构建设等多方面的配合[63]。

（三）生物区域规划管理模式（即社区共管模式）

该模式强调自然保护区管理要关心周边地区有关部门和社区的生产和发展，通过广交伙伴、利益共享，争取广大公众的积极参与，实施共同管理；并以生物区域规划为指导，帮助他们规划好土地利用[64]。该类管理模式在强调资源和环境保护的同时，注重协调自然保护区建设与区域经济发展的关系，使当地群众认识到自然保护区与自身经济发展的密切相关，成为自然保护区的主人翁[62]。该模式把协助或推动社区经济发展融为自然保护区外延目标，使那些对管理工作构成威胁的因素转化为保护力量，这是自然保护区管理实践中获得的一种行之有效的管理模式[65]。

二、广西林业系统自然保护区现行管理模式

目前，广西林业系统多数自然保护区仍为绝对保护型管理模式，尽管其中有的自然保护区已经开始探索协调管理和社区共管的管理模式，但是，人们的思想似乎还受单纯保护管理的束缚，很难和发展的要求结合起来，又加之管理体制、管理资金等一系列的桎梏，使自然保护区管理模式的转型举步维艰。而现在自然保护区正面临着一个改革开放迅速变化世界的多种挑战，诸如外界投资、委托管理、承包、合股甚至出售等来解决本身资金不足、无法管理等一系列的冲击，在这样的背景下，绝对保护型管理模式的弊端更为突出[66]。

三、自然保护区管理模式的发展趋势

传统封闭式的管理模式认为，应该绝对禁止或尽量避免人类进入自然保护区，即认为当地居民的生产生活与保护目标相冲突并试图将其限定在自然保护区之外[67~68]。但是这种做法往往事与愿违。首先，该方

法的实施需要很高的社会和经济成本，当社区居民的不满情绪不断增长和与管理者之间的冲突加剧时更为突出[69]。其次，实施方式和后果也存在争议。因为很多自然保护区建立之前由当地居民管理，建立后禁止居民进入，在法律上很难实施，而且由于缺乏足够的管理资源和有效的管理制度以及地理位置偏僻等原因，自然保护区的边界一直没有真正起过作用。对资源利用和开发的限制，进一步加剧了社区居民本来已经窘迫的经济条件[70~71]。在生物保护上，这种封闭式的保护方法造成了自然保护区的岛屿化，很难维持大型食肉动物的可存活种群和某些重要生态功能[72]。

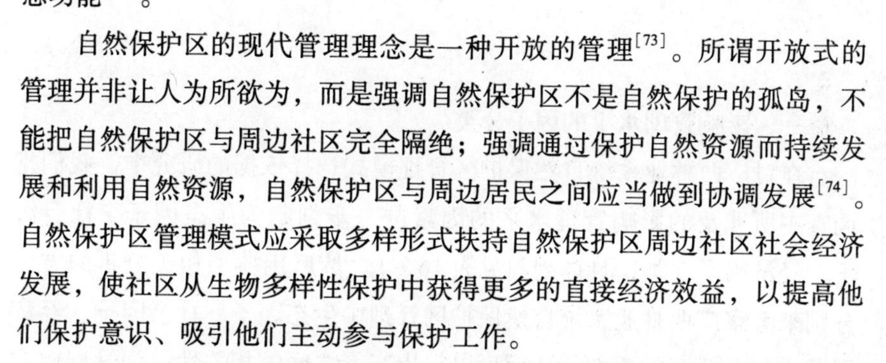

自然保护区的现代管理理念是一种开放的管理[73]。所谓开放式的管理并非让人为所欲为，而是强调自然保护区不是自然保护的孤岛，不能把自然保护区与周边社区完全隔绝；强调通过保护自然资源而持续发展和利用自然资源，自然保护区与周边居民之间应当做到协调发展[74]。自然保护区管理模式应采取多样形式扶持自然保护区周边社区社会经济发展，使社区从生物多样性保护中获得更多的直接经济效益，以提高他们保护意识、吸引他们主动参与保护工作。

开放式的管理模式是我们进行广西林业系统自然保护区管理模式建构的总前提。在整体开放的模式下，我们按照不同保护对象、不同生态功能和不同人文环境的实际需要，局部相应采取不同的管理模式和保护政策，最终达到兼顾生态、经济、社会三方面综合发展的目的。

第十六章

自然保护区管理模式选择依据的计量分析

一、影响管理水平的因子分类

在对广西林业系统自然保护区管理模式选择依据的研究中，我们把调查中所涉及的影响管理水平的因素进一步划归为生态因子、社会因子、经济因子三类，具体划归见表 16－1。然后用典型相关分析的方法分别来考察广西林业系统自然保护区管理中生态因子、社会因子、经济因子之间的两两相关性，从而可以得出三者之间的相关性，为管理模式的选择提供科学依据。

表 16－1　生态因子、社会因子、经济因子的划归

归类	具体内容	新的变量名
生态因子	Q1 对自然保护区的资源依赖很强	X1
	Q2 生产生活对自然保护区资源造成了较大破坏	X2
	Q3 自然保护区资源保护范围缩小（自然保护区被蚕食）	X3
	Q4 自然保护区对保护资源与环境有重要意义	X4
	Q9 自然保护区改善了社区生活环境	X5
社会因子	Q6 自然保护区工作应与社区共同完成	Y1
	Q7 自然保护区管理部门经常在社区进行宣传教育	Y2
	Q10 自然保护区的动物干扰生活	Y3
	Q12 自然保护区阻碍了与外界的交流	Y4
	Q14 自然保护区在制定与社区相关决策时征求社区居民意见	Y5
	Q15 自然保护区建立了社区共管制度	Y6

续表

归类	具体内容	新的变量名
社会因子	Q17 自然保护区内经常发生盗伐等安全事件	Y7
	Q18 清楚自然保护区的山林权属	Y8
	Q19 清楚自然保护区的边界	Y9
	Q20 自然保护区林权纠纷很多	Y10
	Q21 纠纷的解决方式	Y11
经济因子	Q5 自然保护区建立与经济发展存在矛盾	Z1
	Q8 自然保护区内种植经济林创收	Z2
	Q11 自然保护区内禁止种植采摘放牧对收入有影响	Z3
	Q13 自然保护区有对社区居民的经济补偿机制	Z4
	Q16 参与自然保护区的哪些工作增加收入	Z5

二、分析与结论

（一）生态因子与社会因子的典型相关分析结果

通过 SPSS17.0 软件对广西林业系统自然保护区管理中涉及的生态因子（Set－1）和社会因子（Set－2）调查数据的分析表明，共可提取出五组典型方程来代表这两者之间的相关性。表 16－2 为检验各典型相关系数有无统计学意义。P 值小于 0.05 则表示该典型方程达到了显著水平，可以有效解释样本在生态因子和社会因子两组变量上的变异量。可见，第一、二、三典型相关系数有统计学意义，而第四、五典型相关系数则没有。

表 16－2　Set－1 与 Set－2 典型相关的显著性检验

	Wilk's 值	Chi－SQ 值	自由度 DF	P 值
1	0.374	147.026	55.000	0.000
2	0.611	73.737	40.000	0.001
3	0.765	40.118	27.000	0.050
4	0.916	13.066	16.000	0.668
5	0.962	5.863	7.000	0.756

表 16-3　Set-1 各因子与其典型变量的标准化典型系数

	1	2	3
X1	-0.393	0.371	-0.747
X2	0.195	0.203	0.098
X3	0.006	0.347	0.834
X4	-0.286	-0.689	0.491
X5	-0.638	0.305	0.329

表 16-4　Set-2 各因子与其典型变量的标准化典型系数

	1	2	3
Y1	-0.401	-0.035	0.264
Y2	-0.368	0.103	0.687
Y3	0.610	-0.155	-0.349
Y4	0.299	0.608	0.275
Y5	-0.034	0.336	0.095
Y6	-0.166	0.168	-0.130
Y7	0.244	0.333	0.007
Y8	-0.809	0.267	-0.648
Y9	0.369	-0.330	0.409
Y10	-0.070	-0.221	0.458
Y11	-0.156	-0.028	-0.023

根据上面各典型变量与变量组 Set-1（生态因子）、Set-2（社会因子）中各变量间标准化的系数列表（表 16-3 和表 16-4），由此我们可以写出第一组典型变量的转换方程（标准化的）为：

$$U1 = -0.393X1 + 0.195X2 + 0.006X3 - 0.286X4 - 0.638X5$$

$$V1 = -0.401Y1 - 0.368Y2 + 0.610Y3 + 0.299Y4 - 0.034Y5 - 0.166Y6 + 0.244Y7 - 0.809Y8 + 0.369Y9 - 0.070Y10 - 0.156Y11$$

第二组典型变量的转换方程（标准化的）为：

$$U2 = 0.371X1 + 0.203X2 + 0.347X3 - 0.689X4 + 0.305X5$$

$$V2 = -0.035Y1 + 0.103Y2 - 0.155Y3 + 0.608Y4 + 0.336Y5 + 0.168Y6 + 0.333Y7 + 0.267Y8 - 0.330Y9 - 0.221Y10 - 0.028Y11$$

第三组典型变量的转换方程（标准化的）为：

U3 = −0.747X1 +0.098X2 +0.834X3 +0.491X4 +0.329X5

V3 =0.264Y1 +0.687Y2 −0.349Y3 +0.275Y4 +0.095Y5 −0.130 Y6 + 0.007Y7 −0.648Y8 +0.409Y9 +0.458Y10 −0.023Y11

经过冗余度分析，可以得知各典型相关系数所能解释原变量变异的比例。如表 16－5 和表 16－6 所示，Set－1 组变量（生态因子）的变异量通过第一、二、三组典型方程能被 Set－2 组变量（社会因子）分别解释 41.7%、35.4%、2.2%，而剩余两组典型方程所能解释的比例总和仅为 1.3%；Set－2 组变量（社会因子）的变异量通过第一、二、三组典型方程能被 Set－1 组变量（生态因子）分别解释 52.7%、23.5%、11.4%，而剩余两组典型方程所能解释的比例总和仅为 0.8%。可见第四、五典型变量的解释度非常小，这也证明了前面的检验结果即只需要保留前三个典型相关系数。最后结论为，对于 Set－1 组变量（生态因子），通过有效典型方程可被 Set－2 组变量（社会因子）解释 79.3%，对于 Set－2 组变量（社会因子），通过有效典型方程可被Set－1 组变量（生态因子）解释 87.6%，表示两组变量间有高度的相关性。

表 16－5　冗余度分析：Set－1 各变量的变异被相对典型变量所解释的比例

	Prop Var
CV2－1	0.417
CV2－2	0.354
CV2－3	0.022
CV2－4	0.008
CV2－5	0.005

表 16－6　冗余度分析：Set－2 各变量的变异被相对典型变量所解释的比例

	Prop Var
CV1－1	0.527
CV1－2	0.235
CV1－3	0.114
CV1－4	0.004
CV1－5	0.002

在上述典型变量的转换方程中，通过各指标与典型变量的标准化典型系数可了解各指标对典型变量的影响大小，系数越大，作用越大，即为该典型变量的主要变量。第一组典型变量中，反映生态因素的典型变量U1是由X5所决定的，反映社会因素的典型变量V1是由Y8、Y3、Y1所决定的。第二组典型变量中，反映生态因素的典型变量U2是由X4所决定的，反映社会因素的典型变量V2是由Y4所决定的。第三组典型变量中，反映生态因素的典型变量U3是由X3、X1、X4所决定的，反映社会因素的典型变量V3是由Y2、Y8、Y10、Y9所决定的。因此，生态因素和社会因素的相关主要体现在：自然保护区是否改善了社区生活环境与居民是否清楚自然保护区的山林权属、自然保护区的动物是否干扰生活、自然保护区工作是否应与社区共同完成相关；自然保护区对保护资源与环境是否有重要意义与自然保护区是否阻碍了与外界的交流相关；自然保护区资源保护范围是否缩小、居民对自然保护区的资源依赖是否很强、自然保护区对保护资源与环境是否有重要意义与自然保护区管理部门是否经常在社区进行宣传教育、居民是否清楚自然保护区的山林权属、自然保护区林权纠纷是否很多、居民是否清楚自然保护区的边界相关。由此可见，生态因素和社会因素中多项因子之间都有显著的相关性。

（二）生态因子与经济因子的典型相关分析结果

通过SPSS17.0软件对广西林业系统自然保护区管理中涉及的生态因子（Set－1）和经济因子（Set－3）调查数据的分析表明，共可提取出五组典型方程来代表这两者之间的相关性。表16－7为检验各典型相关系数有无统计学意义。可见，第一、二典型相关系数有统计学意义，而第三、四、五典型相关系数则没有。

表16－7 Set－1与Set－3典型相关的显著性检验

	Wilk's值	Chi－SQ值	自由度DF	P值
1	0.582	82.631	25.000	0.000
2	0.838	27.015	16.000	0.041
3	0.918	13.102	9.000	0.158
4	0.992	1.158	4.000	0.885
5	0.999	0.095	1.000	0.958

表 16－8 Set－1 各因子与其典型变量的标准化典型系数

	1	2
X1	－0.461	－0.430
X2	0.295	－0.206
X3	0.185	－0.653
X4	－0.021	0.191
X5	－0.662	－0.079

表 16－9 Set－3 各因子与其典型变量的标准化典型系数

	1	2
Z1	0.42	0.489
Z2	－0.639	0.242
Z3	0.252	－0.461
Z4	－0.068	－0.887
Z5	0.187	0.088

根据上面各典型变量与变量组 Set－1（生态因子）、Set－3（经济因子）中各变量间标化的系数列表（表 16－8 和表 16－9），由此我们可以写出第一组典型变量的转换方程（标准化的）为：

$$L1 = -0.461X1 + 0.295X2 + 0.185X3 - 0.021X4 - 0.662X5$$

$$M1 = 0.420Z1 - 0.639Z2 + 0.252Z3 - 0.068Z4 + 0.187Z5$$

第二组典型变量的转换方程（标准化的）为：

$$L2 = -0.430X1 - 0.206X2 - 0.653X3 + 0.191X4 - 0.079X5$$

$$M2 = 0.489Z1 + 0.242Z2 - 0.461Z3 - 0.887Z4 + 0.088Z5$$

经过冗余度分析，可以得知各典型相关系数所能解释原变量变异的比例。如表 16－10 和表 16－11 所示，Set－1 组变量（生态因子）的变异量透过第一、二组有效典型方程能被 Set－3 组变量（经济因子）分别解释 38.7% 和 22.6%，总和为 61.3%；Set－3 组变量（经济因子）的变异量透过第一、二组有效典型方程能被 Set－1 组变量（生态因子）分别解释 39.1% 和 11.4%，总和为 50.5%。因此，两组变量间高度的相关。

表 16-10 冗余度分析：Set-1 各变量的变异被相对典型变量所解释的比例

	Prop Var
CV2-1	0.387
CV2-2	0.226
CV2-3	0.009
CV2-4	0.001
CV2-5	0.000

表 16-11 冗余度分析：Set-3 各变量的变异被相对典型变量所解释的比例

	Prop Var
CV1-1	0.391
CV1-2	0.114
CV1-3	0.014
CV1-4	0.001
CV1-5	0.000

通过上述典型变量的转换方程可见，第一组典型变量中，反映生态因素的典型变量 L1 是由 X5、X1 所决定的，反映经济因素的典型变量 M1 是由 Z2、Z1 所决定的。第二组典型变量中，反映生态因素的典型变量 L2 是由 X3、X1 所决定的，反映经济因素的典型变量 M2 是由 Z4、Z1、Z3 所决定的。因此，生态因素和经济因素的相关主要体现在：自然保护区是否改善了社区生活环境、居民对自然保护区的资源依赖是否很强与自然保护区内是否种植经济林创收、自然保护区建立与经济发展是否存在矛盾相关；自然保护区资源保护范围是否缩小、居民对自然保护区的资源依赖是否很强与自然保护区是否有对社区居民的经济补偿机制、自然保护区建立与经济发展是否存在矛盾、自然保护区内禁止种植采摘放牧对收入是否有影响相关。由此可见，生态因素和经济因素中多项因子之间都有显著的相关性。

（三）社会因子与经济因子的典型相关分析结果

通过 SPSS17.0 软件对广西林业系统自然保护区管理中涉及的社会

因子（Set－2）和经济因子（Set－3）调查数据的分析表明，共可提取出五组典型方程来代表这两者之间的相关性。表16－12为检验各典型相关系数有无统计学意义。可见，第一、二、三典型相关系数有统计学意义，而第四、五典型相关系数则没有。

表16－12　Set－2与Set－3典型相关的显著性检验

	Wilk's 值	Chi－SQ 值	自由度 DF	P 值
1	0.370	148.584	55.000	0.000
2	0.551	89.035	40.000	0.001
3	0.748	43.380	27.000	0.024
4	0.876	19.736	16.000	0.232
5	0.962	5.721	7.000	0.573

表16－13　Set－2各因子与其典型变量的标准化典型系数

	1	2	3
Y1	－0.004	0.423	0.514
Y2	－0.050	0.260	0.041
Y3	0.833	0.125	－0.441
Y4	0.228	－0.085	0.156
Y5	0.037	－0.270	0.144
Y6	－0.124	0.090	－0.038
Y7	0.470	0.016	－0.478
Y8	－0.273	0.873	－0.028
Y9	0.585	－0.217	0.875
Y10	0.373	－0.216	0.858
Y11	0.160	0.270	－0.126

表16－14　Set－3各因子与其典型变量的标准化典型系数

	1	2	3
Z1	0.300	0.283	0.362
Z2	－0.265	0.993	0.124
Z3	0.645	0.385	－0.542
Z4	0.453	－0.032	0.630
Z5	0.054	－0.075	－0.440

根据上面各典型变量与变量组 Set－2（社会因子）、Set－3（经济因子）中各变量间标化的系数列表（表 16－13 和表 16－14），由此我们可以写出第一组典型变量的转换方程（标准化的）为：

H1 = －0.004Y1 －0.050Y2 +0.833Y3 +0.228Y4 +0.037Y5 －0.124Y6 +0.470Y7 －0.273Y8 +0.585Y9 +0.373Y10 +0.160Y11

K1 =0.300Z1 －0.265Z2 +0.645Z3 +0.453Z4 +0.054Z5

第二组典型变量的转换方程（标准化的）为：

H2 =0.423Y1 +0.260Y2 +0.125Y3 －0.085Y4 －0.270Y5 +0.090 Y6 +0.016Y7 +0.873Y8 －0.217Y9 －0.216Y10 +0.270Y11

K2 =0.283Z1 +0.993Z2 +0.385Z3 －0.032Z4 －0.075Z5

第三组典型变量的转换方程（标准化的）为：

H3 =0.514Y1 +0.041Y2 －0.441Y3 +0.156Y4 +0.144Y5 －0.038 Y6 －0.478Y7 －0.028Y8 +0.875Y9 +0.858Y10 －0.126Y11

K3 =0.362Z1 +0.124Z2 －0.542Z3 +0.630Z4 －0.440Z5

经过冗余度分析，可以得知各典型相关系数所能解释原变量变异的比例。如表 16－15 和表 16－16 显示，Set－2 组变量（社会因子）的变异量通过第一、二、三组有效典型方程能被 Set－3 组变量（经济因子）分别解释 93.0%、2.9%、0.8%，总和为 96.7%；Set－3 组变量（经济因子）的变异量通过第一、二、三组有效典型方程能被 Set－2 组变量（社会因子）分别解释 58.9%、4.6%、2.9%，总和为 66.4%。因此，两组变量间高度相关。

表 16－15　冗余度分析：Set－2 各变量的变异被相对典型变量所解释的比例

	Prop Var
CV2－1	0.930
CV2－2	0.029
CV2－3	0.008
CV2－4	0.006
CV2－5	0.002

表 16－16　冗余度分析：Set－3 各变量的变异被相对典型变量所解释的比例

	Prop Var
CV1－1	0.589
CV1－2	0.046
CV1－3	0.029
CV1－4	0.015
CV1－5	0.007

从上述典型变量的转换方程可以看出，第一组典型变量中，反映社会因素的典型变量 H1 是由 Y3、Y9、Y7 所决定的，反映经济因素的典型变量 K1 是由 Z3、Z4 所决定的。第二组典型变量中，反映社会因素的典型变量 H2 是由 Y8、Y1 所决定的，反映经济因素的典型变量 K2 是由 Z2 所决定的。第三组典型变量中，反映社会因素的典型变量 H3 是由 Y9、Y10、Y1、Y7、Y3 所决定的，反映经济因素的典型变量 K3 是由 Z4、Z3、Z5 所决定的。因此，社会因素和经济因素的相关主要体现在：自然保护区的动物是否干扰生活、居民是否清楚自然保护区的边界、自然保护区内是否经常发生盗伐等安全事件与自然保护区内禁止种植采摘放牧对收入是否有影响、自然保护区是否有对社区居民的经济补偿机制相关；居民是否清楚自然保护区的山林权属、自然保护区工作是否应与社区共同完成与自然保护区内是否种植经济林创收相关；居民是否清楚自然保护区的边界、自然保护区林权纠纷是否很多、自然保护区工作是否应与社区共同完成、自然保护区内是否经常发生盗伐等安全事件、自然保护区的动物是否干扰生活与自然保护区是否有对社区居民的经济补偿机制、自然保护区内禁止种植采摘放牧对收入是否有影响、居民参与自然保护区哪些工作增加收入相关。由此可见，社会因素和经济因素中多项因子之间都有显著的相关性。

（四）结论

从上述的生态因子、社会因子、经济因子两两相关分析可以得出，总体来看，自然保护区管理在三个层面上紧密相关：生态层面、经济层面和社会层面。政治的、经济的、生态的等诸方面因素，人与自然的关系、人与人的关系、人与社会的关系以及人与自身的关系等，共同构成了广西林业系统自然保护区管理中所涉及的必不可少的要素。生态保护不应被视为仅与政府有关、仅由政府负责的一项政治任务，而应使自然保护区的广大居民都参与。这就要求自然保护模式的选择必须考虑到保护计划的经济前景和社会发展，设计出使社区的利益与生态环境的维护水平紧密相关的互动机制，通过实现保护策略在经济、社会上的可持续性，来达到整个政策在生态上的可持续性，以保护促进发展，以发展带动保护[75]。

第十七章

自然保护区管理模式选择依据的利益相关者分析

按照利益相关者理论，在目前自然保护区管理的框架下，政府与市场只是提供一种平台，以另外一种身份来协调各利益相关者之间的关系，以达成利益相关者之间的对话和协作[76]。单靠政府的方针政策，甚至市场以致技术上的措施是不够的，而是更应强调管理者、相关企业、旅游者、当地社区等各利益相关者价值判断的交织、碰撞与磨合[77~78]。在管理过程中，不同的利益群体分别在生态、经济、社会三层面上对自然资源的价值目标取向是不同的，弄清利益圈内各类群体的行为、角色、态度、利益趋向及相应关系，才能找到解决冲突的策略和途径[79]。因此在广西林业系统自然保护区管理模式选择时，必须对不同利益相关者进行分析，兼顾各群体的利益，使他们能够形成合力共同促进生态、经济、社会和谐发展。

一、利益相关者管理框架的构成

要分析不同利益群体，首先就要确定与管理相关的不同资源利用群体。根据利益相关者的3个特征即合法性、权力性、紧急性，利益相关者划分为3种类型：确定利益者（他们同时拥有合法性、权力性和紧急性的特征）、预期利益者（他们拥有上述3项特征中的2项）、潜在利益者（他们只拥有3项特征中的1项）。按此标准，也可将以区域社会为背景的自然保护区管理中主要利益相关者划分为上述三种类型[80]。确定利益者主要包括：自然保护区管理局、当地社区居民、当地政府及相关机构；预期利益者主要包括：科研人员、非政府组织、投资者、当地相关企业；潜在利益者主要包括：一般社会公众、宗教团体、旅游者、媒体、金融机构等[60]。广西林业系统自然保护区管理过程中涉及的大部分潜在利益相关者，从目前来看，他们尚无直接作用，而在森林资源得到保护和生态环境有望改善方面会有明显受益，但是他们却没有付出代价，即无直接受损[81]。其中确定相关利益者、部分预期的相关利益者和个别潜在的相关利益者对广西林业系统自然保护区建设有重要影响，是我们分析的重点。

（一）自然保护区管理局

自然保护区管理局是国有自然资源的委托管理法人，代表国家对自然保护区内自然资源进行管理。其职能是保护特有的森林生态系统、珍稀濒危野生物种资源，以及基因资源；提供科研教学场所，开展科普宣传提高公众保护意识；开展多种经营、提高自我发展能力；贯彻执行有关自然保护的法律、法规和方针政策，查处和治理私捕、狩猎、破坏植被等违法活动；参与旅游管理等[60]。他们在行政上接受上级下达的保护指令，以完成各项日常工作为己任。

（二）当地社区居民

在自然保护区内或周边分布着大量的社区人口，他们祖祖辈辈靠山吃山，生产结构单一，各种自然资源是他们重要的生产生活资料和经济来源。据调查，近几年保护区及周边群众的年人均纯收入分别为1300多元，是同年全区农民人均纯收入约2000元的70%。其中，社区群众人均纯收入低于1000元的自然保护区有24个，占自然保护区总数的44%，人数达31.8万人[42]。社区生活水平普遍贫困，相当一部分甚至连温饱都存在问题。

（三）当地政府及相关机构

主要包括政府部门及与自然保护区自然资源管理相关的单位，如环保局、林业局、国土资源局、旅游局、公安局等。对于自然保护区，国家在总体上要求强制保护自然资源和生态环境，并委托当地政府或主管部门对自然保护区实施严格的管理措施。它们通过充分开发利用当地的土地和森林资源，提高农民收入；积极引进外资，发展乡镇企业，提高当地经济发展水平；促进当地其他社会事业发展，保持社会稳定为工作重点[60]。同时，在制定自然保护区管理政策过程中还充当协调员的身份，向其他各个利益相关者及时、快速、准确、全面地传达有价值的信息，包括组织编写自然资源指南，实施资源担保及人才培养[76]。

（四）当地相关企业

它们在自然保护区内或周边开展生产经营活动，依靠自然保护区资源、人力来获取利益。主要包括产品经营者、餐饮服务提供者以及旅游业等各商业团体。

（五）旅游者

自然保护区成立森林公园后，吸引了大批的游客前来亲身体验大自然、欣赏自然，形成了一定数量的旅游区人口。其目的是研究、欣赏和品位优美、独特、原始的自然风光、野生动植物及当地文化遗迹，以追求高品位和自然性，促进生物多样性的保护为主要特征。

（六）科研人员

主要是指进入自然保护区进行科学考察、学术交流的专家学者。他们考察的对象主要是珍稀特有的动植物资源和环境。

二、不同利益相关者的价值取向

这里讨论的价值观是指人对自然保护区资源价值的认识和判断。它包括两个方面，第一个是自然资源对人的有用性，可以给人带来的福利；第二个方面是指资源存在对包括人类在内的生态系统存在与发展的价值[82]。由于不同利益相关者所处的角色地位、目标任务不同，其价值取向存在较大的差异[79]。这不仅决定了他们的需求种类、数量和满足需求的强烈程度，也左右着他们对其应当承担义务的理解和意愿[82]。因此，有必要对他们各自的需求与受益或受损之间的关系进行深入的剖析，找到适合广西林业系统自然保护区利益相关者不同需求的机制和途径。

（一）自然保护区管理局：以生态效益为目标取向

自然保护区管理局主要关注自然资源的保护，以生态效益为目标。在管理过程中，管理局注重的是社区居民的生产生活对自然保护区的影响，而较少地考虑到自然保护区的政策法规及保护条例对群众利益的影响；认为法律和行政命令是自然保护区管理的有效手段，而忽视经济手段的运用；没有从满足社区居民需求出发，建立真正的利益共享机制[64]。可以看出，绝对的保护观念在这里占了主要位置。

（二）当地社区居民：以经济效益为目标取向

自然保护区的建立在一定程度上会影响到当地社区的利益，他们的生产经济行为要受到自然保护区及相关政府机构对资源利用方面的强制性限制，所以对自然保护的观念只能被动地接受，即使很多人都理解和支持自然保护区事业，认为保护是关系到他们长远发展的大计。但社区同时又是一个独立的生产生活单位，经济活动的理性行为是追求利润最大化，当发展经济与资源保护出现矛盾时，他们往往站在对个人是否有利的立场上来看待问题，以满足物质和生理需求为主，以牺牲一定的环境为代价来获取经济效益，提高家庭收入[45]。

（三）当地政府及相关机构：偏重于经济效益和社会效益

作为管理者，当地政府及相关机构要根据国家和区域的发展需要，宏观谋划所辖区域的生态环境优化和尽可能满足当地居民对林产品和服务的需求，代表所辖区域的居民的利益并对国家负责[82]。但是目前，自然保护区在管理中很难顾及帮助社区发展经济，指导周边社区经济社会发展的担子几乎全落到了地方政府头上，而地方政府也必须通过发展经济才能支持自然保护区的发展。这就导致了政府行为的经济化、企业化，必然引起了政府功能的畸变，也影响着政府在资源管理中角色的模糊化，给自然保护区的管理带来一定的负面影响[79]。因此，自然保护区与地方政府之间在资源开发利用上就产生了一定的矛盾。例如，在猫儿山茨坪点管辖范围内，因为个别乡政府支持牧场利益，从而使当地的禁牧工作阻力很大。还有，木论自然保护区所在地地方政府筹划在自然保护区里修中型水电站，开发电站的公司已两度修改其电站设计方案。但按自然保护区的规定，是不允许在其内建水电站的[43]。广西还有些自然保护区在资源的开发利用上，受到来自地方政府领导的压力，或是由于边界不明、管理范围不清，出现了绕开林业主管部门和自然保护区管理机构，出让资源经营权、加挂牌子等违法违规行为，致使在自然保护区内违法开展工矿生产、实施基建项目的行为屡屡发生。还有的地方，为避开自然保护区的核心区、缓冲区不得建设任何生产设施的规定，将原有规划的核心区、缓冲区调整为实验区或者干脆调出不再作为自然保护区，以便腾出地来痛痛快快上项目，一些地处自然保护区核心区的旅游地就是这样开辟出来的，如大瑶山自然保护区在核心区圣堂山建宾馆。

（四）当地相关企业：以经济效益为目标取向

这些企业的经营目标主要是依靠自然保护区的自然资源来获取收益，发展经济。其经济活动的后果对自然保护区生态平衡、环境污染等都产生了重要的影响。他们更加倾向于满足发展需求和经济收益，甚至漠视生态效益和社会责任。当前，自然保护区和谐建设使企业承担责任的呼声日益高涨，人们意识到企业不仅仅要承担经济责任，还要承担法律、环境保护、道德和慈善等方面的社会责任[83]。另外，加强对进行投资和开发的相关企业行为的监管，如加强认证体系建设，是建立利益相关者之间利益平衡关系的重要举措[84]。

（五）旅游者：以生态效益为目标取向

生态旅游者大都崇尚热爱大自然，保护意识相对较强。在旅游过程中，旅游者能感受到优美环境带来的切身愉悦，会增强对大自然的热爱和保护自然的责任感，从而提高对自然保护区工作的理解和支持，能够自觉参与保护自然生态系统的过程，并且在此过程当中实现自我，做到自我回归。

（六）科研人员：以生态效益为目标取向

他们是自然保护区管理中的外来参与者，他们一般没有从自然保护区中获得利益的企图，而是站在第三者的利益立场上[82]。他们对自然保护区内的环境和自然资源的稀缺性和独特性较为清楚，对其宝贵价值的认识更为深刻，任何破坏资源或不合理的资源利用方式都会让他们痛心，因而保护意识更为强烈。但科研人员不能切实参与政策法规的决策和实施，只能通过呼吁，促使各有关部门采取措施来加强对自然环境的保护[45]。

按照利益相关者理论，上面总体分析了与自然保护区直接或间接相关的各利益群体的不同的价值取向。根据各利益主体价值目标的不同，

在广西林业系统自然保护区管理模式选择过程中，应兼顾各方的生态、经济、社会目标，以达成相互之间的对话、协作和理解，避免片面性和局限性。通过建构合理的管理模式平台，缓解不同利益群体间的矛盾，使各利益相关者能在这种平台上形成各种“链条”关系，从而实现生态、经济、社会效益的最大化和协调统一发展，达到自然保护区有效管理的目标[76]。

第十八章

广西林业系统自然保护区管理模式的选择

自然保护区管理具有地域性特点，与区域性的社会、经济、自然状况密切相关，抛开某一地域的具体条件和特征去探讨自然保护是不现实的。自然保护区的管理模式选择必须根据地区实情，并遵循自然规律、经济规律和生态、经济、社会效益相统一的原则，坚持加强资源环境保护、合理开发利用的方针，以保护为基础，以发展为核心，才能走上可持续发展的道路。根据广西林业系统自然保护区的生态、社会和经济等多方面实际，总结出若干适于不同自然保护区特点的、科学的、具有推广意义的管理规划和组织体系，形成了以下几种有效的管理模式。同时，由于部分自然保护区发展的受制因子并非单一，因此在管理中还可以对几种模式进行综合运用。

一、综合保护与发展型管理模式

这种模式适用于生态、经济、社会三方面均取得了综合效益的自然保护区。此类自然保护区总体来说，生态资源得到了有效保护、经济效益明显、与当地社会协调发展，整体运行良好，因此在广西整个林业系统自然保护区建设中属于较好的水平，能在各方面平衡发展的基础上实现其管理。对于这一类自然保护区可以采取以下几种措施进行管理。

（一）联合管理

本类自然保护区发展良好，各方面条件相对成熟，可以对联合管理的方式进行探索。即吸纳和联合非传统保护部门及社会各界力量，共同参与保护。联合的对象可以是政府部门、企业、社区组织和群众个体。

参与的方式为政府、技术、资金、服务、人力、自然资源。联合的目的是在自然保护区周边地区，形成一个大的保护氛围，迎合市场经济、生态保护、社会发展多方的需求，增强资源永续性，增进企业的效益，甚至影响政府从政策及投资上来关注和重视自然保护事业，扩大影响和效果。

（二）开展生态旅游

目前花坪、猫儿山、大明山、大瑶山等自然保护区已成为广西生态旅游的热点，年接待旅游人数达140多万人次。自然保护区开展生态旅游，能够筹集大量资金，并为社区居民提供大量的就业机会，促进当地社会经济的发展。许多学者指出社区参与是生态旅游内涵的一部分[85~86]。管理者应协助居民尽早明确在旅游开发中的角色，同时要制定措施，鼓励当地居民参与到旅游中来，如优先让经济条件较差的居民参与旅游经营，给予一定的优惠政策或是物质支持。

在管理运作模式上，可以采用以下几种模式：

（1）农户个体自发自主开发模式，这种类型主要以提供餐饮、住宿、农事采摘为主的农家乐等形式出现。特点是经营管理灵活，缺点是缺乏规范引导，容易导致无序竞争。

（2）政府主导开发模式，这种类型由政府投资（包括国债划拨等），政府相关职能部门管理，所在地农户参与。特点是管理规范，缺点是经营体制不活，适应市场变化和开拓市场的能力较弱，农民积极性不够高。

（3）“旅行社＋农民旅游协会＋农户”模式，即利用旅行社较强的客源市场开拓能力，农民旅游协会能较好地对分散的农户进行统一的规范管理，并保护农户利益，而农户的直接参与则可以较好地发挥农民的积极性。特点是经营机制相对灵活，管理也相对规范，但要注意合理调配“三者”的利益分配[87]。

开展生态旅游是自然保护区走上可持续发展的必由之路，自然保护区要积极与社区有关部门建立联营管理组织，并解决利益分成等问题，努力实现双方利益的最大化。

（三）积极开展科学研究

自然保护区内的生态系统代表性强，研究价值高，人力物力均较好，可以根据实际开展科学研究。自身科技力量薄弱的应积极探索合作机制，推动自然保护区与外界科研机构的长期合作，在合作开展科学研究的同时，注意培养自己的科研力量。目前广西林业系统部分自然保护区虽然已完成自然保护区综合考察，但是还应完善生物多样性编目。一方面要完善名录的编制，另一方面要按照编目的要求，对每个物种的地理分布、生物生态学特性、群落学特性、区系成分、栽培或饲养技术、受威胁情况、保护措施、经济价值及变为商品的迫切性和可能性、有关照片贮存等作简略论述，编成数据库，随时提供各方面的需求。对自然保护区内大气、水域、土壤和生物种群消长规律的监测应有一个全面的规划和设想，特别是要加强对陆生野生动物调查与监测，随时掌握资源的动态变化，为合理保护区内资源提供依据[88]。还要积极探索保护森林生态系统及其生境和拯救濒于灭绝的生物资源的途径，建立种质资源基因库。另外，要注意在开展观测研究时，除必要的定位观测外，不得设置和从事任何影响或干扰生态环境的设施和活动。

（四）多渠道吸引国际合作与社会资金

近年来，广西抓住机遇，积极与全球环境基金、野生动植物保护国际、美国大自然保护协会、香港嘉道理农场暨植物园、中国科学院、中国林科院、北京大学、广西大学、广西师范大学等单位在自然保护区建设方面开展多层次的交流与合作，积极引进资金和先进的理念、模式，提升了保护区管理水平。2007 年，广西获得全球环境基金（GEF）赠款 525 万美元，用于加强 5 个自然保护区的建设管理，实现了国际合作的重大突破。2008 年，美国大自然保护协会资助广西大瑶山国家级自然保护区开展综合科学考察、管理计划编制和社区共建。参与湄公河次区域生物多样性保护廊道项目和中国—欧盟生物多样性保护项目。猫儿山、花坪、木论等 6 个林业自然保护区加入了“中国人与生物圈自然保护区网络”[42]。但是还有大部分自然保护区中生物多样性保护的国际合作与交流工作还比较薄弱，应当通过积极地对外宣传来扩大影响和知名度，吸引更多国际组织和机构的介入研究和资金支持，如建立自然保护

区 Internet 宣传网页、在媒体开展报道、选派人员参加相关学术会议并在会上宣传、邀请专家和研究机构开展科学考察等。同时，还要积极建议政府对生态旅游、水利、电力等相关受益行业征缴森林生态效益补偿费；呼吁林业主管部门牵头建立自然保护公益型基金；让有条件的自然保护区加强与大型企业的“双赢”合作；鼓励社会各界捐赠和命名认养自然保护区内的资源；并积极探索社区发展项目与当地或国家扶贫项目结合的可行性，从而多渠道扩大发展资金来源。

二、加强经济效益型管理模式

采取这一类管理模式的广西林业系统自然保护区的特点是自然条件和社会条件相对有利，但国家投入经费较少或者经费没有保障，自身发展经济的基础条件也比较落后，多种经营没有开展，自养能力不足。由于经济水平落后，导致了社区居民对资源的依赖很强。经济因素是这类自然保护区的主要制约因素。这类自然保护区应根据自己的具体情况，挖掘内部潜力、抓住市场经济提供的新机遇，走出一条兼顾自然保护和综合开发，具有开拓性的新型道路[89]，从而缓解发展经济和保护资源之间的矛盾，减轻当地居民对资源的依赖，并密切了他们与自然保护区在生产经营活动中的关系。具体来说，可以通过以下项目的开展来实现。

（一）发展农产品深加工体系

自然保护区周边地区长期以来，由于农产品缺乏深、精加工，农业效益差，农民收入低。比如，广西部分林业自然保护区周边社区都种植八角经济林，但是没有开展深加工项目的开发工作，形不成产业链开发，除了极少数地方乡办企业对少量的八角落叶和部分干八角进行简单的茴油提炼外，就没有一家正规的八角深加工企业，更没有实力雄厚的企业主投资八角产品开发[90]。在周边社区经济发展中，要依靠科技创新，延伸产业链条，大力加快农产品深加工基地建设，着力培育农产品加工龙头企业。根据广西实际重点发展亚热带果蔬产品深加工、蔗糖深加工和新兴优势产业农产品深加工等，在提高社区居民收入的同时，也可以获得相应的承包经费来增加自然保护区管理资金。同时，农产品深加工所消耗的劳动强度低，特别适于发挥妇女和中老年居民的作用，从而减轻他们对资源的依赖。

（二）药材基地建设

广西中草药物种数量排全国第二位，林业自然保护区内更是汇集了大量中草药资源。如花坪、猫儿山自然保护区，药用植物种类分别占林区植物种数的44%和33%。自然保护区可以利用药用植物种质资源及地理环境，与相关技术力量联合组建特色中药材资源合理利用平台，对区内具有较高药用价值、资源濒危或用量较大的中药材和民间中草药开展人工繁育和优良品种筛选研究。同时，还可以引进外来投资，兴办制药企业，建立特有药材和亚热带中药材生产基地，培育自己的品牌，逐步把中草药培育成自然保护区周边经济的一大产业。

（三）加速生产技能和实用技术的普及和推广

自然保护区大都山高水冷，农业基础条件滞后，还有相当一部分地区耕地不足，如木论自然保护区人均耕地不足一亩。社区群众采用的仍然是传统的耕种方式，粮食产量低，大部分社区缺粮。通过生产技术传授，对社区居民现有经济来源途径进行改造，例如教授农作物新品种的科学种植与管理、牲畜的科学养殖和多发病的预防与治疗、现有经济作物的经营管理和嫁接技术等，改变村民不合理的资源利用方式和低效的生产方式。

（四）发展民族手工艺品市场

在广西各林业自然保护区周边分布了大量的瑶族和壮族居民，这两个民族都有独特的民族手工艺文化。满身花锦的刺绣服装、吉祥图案丰富的鞋帽、辟邪保平安的手绣腰带等挂饰，都构成了特有的瑶族艺术珍品。壮族传统服饰则都用自织棉布手工制成，他们擅种蓝靛，然后再用蓝靛扎染服装。这些民族特色鲜明的手工艺品有很大的市场潜力，要努力探索市场渠道，还可以利用自然保护区生态旅游业的发展为依托，规模化的进行旅游商品开发。这也有利于发挥妇女、中老年的作用，促进他们的发展，减轻对资源依赖。

（五）提供税收优惠政策

广西林业系统自然保护区周边很多乡镇都形成了各自具有一定规模的特色种植与养殖业，如十万大山上思县南屏乡绝大多数人家都发展八

角和玉桂种植，叫安乡则以蔗糖产业为主，而防城区八角和玉桂产量则分别占广西总产量的1/3和1/2，十万大山还盛产蜂蜜，很多山民养殖蜜蜂。为扶持社区发展，当地政府和自然保护区可以探索对周边社区在税收方面的优惠政策，如对经营收益好的产品和经济困难的居民缓征税收等，让利于民，也有利于居民扩大生产，尽快脱贫。

三、加强社会效益型管理模式

这种模式适用于社会效益差的广西林业系统自然保护区，这一类自然保护区的主要限制因子是社会因子。它们多数是因为权属状况不佳，纠纷相对较多，群众民主参与度低，权利得不到保障，社区与自然保护区矛盾严重等原因导致了社会效益综合发展较差。这类自然保护区目前的管理不利于发挥公众在自然保护中的作用，自然保护完全是一种政府行为，且管理机构工作能力差，因此公众对自然保护持消极态度。加强社会效益型管理模式则是以促进自然资源保护与社区协调发展为主要方向，注重人的生存的权利、发展的权利、管理的权利、民主的权利，并注重提高村民保护自然的意识，从而改善管理状况。

（一）发展参与式村级规划

广泛吸收社区居民参与编制社区资源管理计划，能源、教育、医疗卫生等发展规划，并监督工作的组织实施。在这一过程中，要引导居民充分参与，可以采用访谈、讨论和磋商等形式，广泛听取村民的意见，特别是那些文化程度高、收入高、经济来源为非农收入的居民的意见更具代表性和参考性，从而提高他们在自然保护区管理中的参与水平，保障其权益不受损害。

（二）建立联防保护组织

目前广西部分自然保护区在当地政府的积极推动下，加强了社区共管，构建了社会化的联防机制。联防实施时可以在社区成立村级巡护队，巡护队负责对划定区域定期巡护，特别是加强对集体林、水源林的巡护，巡护的主要内容包括制止挖药材、砍柴、打猎、收铁丝扣、违章用火及非法生产性活动。自然保护区要负责制定巡护路线，提供必要的巡护装备，进行巡护技能的培训，并根据队员的表现和工作实绩核发相

应补贴。同时，要建立完善的反偷反盗信息举报网，随时接受村民的举报，并对举报人进行奖励。还要建立起护林防火联防网络，与自然保护区周边村屯签订防火责任状，做到早布置、早发动、预防为主。

（三）提高自然保护区管理机构的工作能力

本类型因部分自然保护区管理机构不健全，人员素质低等导致管理工作较为困难。为实现有效管理，要重新定位管理机构的职能，完善自然保护区管理制度，通过职工培训提高工作人员的社区工作能力与技巧，加强工作人员与社区的灵活交流，充分调动社区居民的积极性。培训的方式应该灵活多样，如选派技术骨干到大专院校和科研单位进修，邀请专家到自然保护区讲学，邀请其他自然保护区的骨干人员传经送宝等。要让工作人员真正活跃在自然保护事业建设的主战场，并利用有效的人事管理、工资、奖励制度等激发人才活力。

（四）环保教育建设

林业主管部门和自然保护区管理机构，可充分利用“国际湿地日”、“爱鸟周”、“地球日”等活动，利用《绿色广西》网站和《广西野生动植物保护信息》等多种载体为依托，采取组织文艺演出、记者采风、印刷挂历、出动宣传车、植物认养等形式，加强环保宣传教育，特别是要加强对中老年、女性、文化程度低、务农收入为主、自然保护区外周边社区居民的教育。同时，还可以建立以社区小学为中心的保护教育网络，如在各村社的小学开设环境教育课、开展环保知识、征文、演讲比赛和夏令营、在作业本上印刷护林防火条例，有条件的还可以配置环保读物供学生借阅。通过一个孩子带动一个家庭，进一步提高社区居民的保护意识。

（五）成立村级生物多样性保护协会

自治区野生动植物保护协会要做好协会的组织发展工作，目前还没有协会的市要尽快恢复和建立，已有协会的要加快发展会员。最好能发展自然保护区周边社区村级的保护协会，广泛吸取社区居民入会。协会职责是定期举办生产技能培训、组织学习他人生产经验、会诊生产中的技术问题、优先为会员提供就业机会、参与自然保护区反盗反猎活动。入会的条件可以是，没有违反自然保护区管理规定行为的村民，并保证

每年参与一定时间的保护巡护活动等。

（六）充分发掘民族传统生态文化

人类在与自然长期的实践中，自古就逐步形成了保护环境的朴素观念，这其中的精神本原对当今的生态环境保护仍有重要的启迪。如瑶族先民自古就有石碑制，研究发现，在远古时代瑶族先民就自发立碑制定了保护环境的约束规定。除此，碑文中还出现了地方官府提倡保护森林严惩破坏的布告。类似的观念还在苗族的寨老制和古规古法，侗族的“款”组织，仫佬族的“冬”组织等制定的民约中发现。虽然这些制度早已消亡，但它们当时对环境很局限很朴素的认识，为后人留下了宝贵的借鉴。再如苗、侗族的“买树秧节”、“种十八杉”，彝族的“护山节”，仫佬族和仡佬族的“拜树节”，侗族的“生孩植树”之俗等，都对保护森林和环境起到了积极的作用。因此，应积极弘扬民族传统文化，运用广西世居民族传统文化中对“侬美”（森林）、风水林、古树、神树、榕树的自然崇拜，对江河源泉森林保护的传统习惯等，因势利导，加强对当地传统生态文化的公众教育，也推动了社区的和谐文明发展[43]。

（七）解决补偿机制问题

自然保护区在管理上离不开周边社区居民的理解、支持与配合，但是野生动物与人的冲突往往会削弱居民的保护意愿[91~92]。自然保护区要力争建议地方政府按事权管理在年度预算中，将野生动物践踏庄稼的补偿费用列入地方财政专项预算，专款专用，按时足额拨付。还特别要在自然保护区以内受影响较重的区域加强宣传，要在林区张贴布告，宣告遭兽害可获补偿，以利野生动物的保护。同时，还要协助当地政府争取将尽可能多的自然保护区林地纳入国家公益林补助范围，并建立相关的监督机制，确保补偿金按时足额发放到群众手中，尤其是对那些收入低的困难群众应予以优先考虑。

（八）开展单纯帮扶

自然保护区在有资金能力的情况下可以采用单纯帮扶形式为当地社区办一些实事，如帮助部分村改善交通、通信、供水、供电、办学等基础条件，同时有倾向地为当地社区解决部分人员的临时就业问题。对于自然保护区及周边区域修建公路、架设电线、铺设通信线路等基础设施，有关部门应优先安排解决，并给予补助。自然保护区管理机构在管理区域内兴建水电站，符合水资源规划的，有关部门要在立项审批、资金补助方面优先照顾。

（九）妥善安排核心区居民的搬迁

现在不少自然保护区核心区内居住的村民，仍然从事着农耕和经济作物种植等活动，造成了不良影响。调查发现，还有的核心区村屯是在搬到新的居住地后受到欺负，权益得不到保障又搬回大山的，如十万大山核心区的黑石寨。但有的村屯则在新的定居点安居乐业，如从十万大山深处搬到沿边防公路板扒一带的瑶族同胞。还有，原来处于木论核心区的川山镇白丹村外峒屯人均耕地仅 0.28 亩，搬到新村后则为 1.16 亩，当年就解决了温饱问题，群众很满意。在选择新的定居点时一定要保障搬迁后居民在当地的权益，还要对当地文化社会习俗慎重考察，避免居民回搬现象，妥善安置好核心区居民搬迁问题。

（十）自然保护区的定界及发放林权林地证

多数广西林业系统自然保护区当务之急的工作是划定四至边界。区林业局要抽调人员组成工作组进行实地协调，划清自然保护区四至边界，加密界桩。对于规划不合理而没有给群众留出基本生产生活用地的，要及时进行调整落实。尤其要针对年轻的、文化程度低的、居住在自然保护区外周边的居民做好边界宣传工作。还要落实林权林地发证工作，特别是在自然保护区以内林权纠纷较多的区域，以法律来保障自然保护区的林地管理权。自然保护区的林地属集体所有的，如能委托管理的，暂由自然保护区管理，如不能委托的，当地林业部门应当停止审批一切林木砍伐、开垦等活动，帮助和配合自然保护区管理好集体林地[93]。另外，还要加强对权属关系的宣传，特别是在对资源依赖度高、收入水平低的区域。

四、加强生态效益型管理模式

由于近些年广西林业自然保护区数量发展较快，大部分是 20 世纪 80 年代以来抢救性建设的，这部分自然保护区自然资源基础状况并非很好，加之建设过快、财政无法负担等一系列问题导致在各个方面均得

不到有力的发展。这些自然保护区在自然、社会和经济各方面相对较差，又多为曾经开发过的森林，或是被严重蚕食，自然资源受到过过度开发和严重破坏，森林覆盖率低，保护价值相对较低，其自然生态系统的恢复成为首要解决的问题[4]。加强生态效益型管理模式适合于这类自然保护区。为解决上述问题，管理的内容主要从以下方面来考虑。

（一）开展退耕还林和封山育林

借助国家相关政策，与当地林业主管部门开展合作，改善生态环境。对自然保护区内，特别是核心区和缓冲区内现有的坡耕地，实施退耕还林，以促进植被恢复，其他广种薄收的陡坡地也要逐步退耕。在山地、丘陵、平原等多种立地条件上设计不同的造林模式宜林地搞好示范试点，荒地实行轮封轮放、封禁等措施，等生态条件好了再种树。在实施项目过程中要坚持“谁退耕、谁造林，谁经营、谁受益”的原则，明晰林权树权，用好用活个体和股份承包政策，用利益激发群众退耕还林的积极性。在栽植过程中，对群众进行常规技术的培训，并管护到位，以保证栽植成活率。

（二）沼气池、节柴灶和农电推广

在自然保护区烧柴供需矛盾突出的地区实施节能改造项目，通过与电力局和环保局的合作，推广以电代柴工程和节柴灶沼气池改建工程，减轻社区用柴对森林资源的过度依赖。建设节能装置所需的费用，自然保护区补助一点，县能源办补助一点，群众自筹一点来解决[94]。椐统计，2001 年底，广西共建成沼气池 134 万座，占农户总数的 16.7%。沼气的使用每年可为农户提供优质燃料 4 亿立方米，高效有机肥料 2737 万吨。广西地区因沼气技术的推广，每年可保护 60 万亩森林植被，有效保护了生态环境。同时也改善了社区居民做饭时的环境条件，有利于身体健康，其中特别是女性。

（三）开展小流域治理

以当地村民居住相对集中的乡村或小流域为单位，充分利用现有地形地貌条件，逐步恢复植被和自然生态系统。在自然保护区的一定区域范围，由于不能严格按照分区安排活动或是由于历史等原因造成了生态环境严重破坏的要及时开展生态修复活动。如大明山自然保护区在成立之前，该处一直进行钨矿开采，且面积较大，植被受到不同程度的破坏，就应当作为水土流失治理的重点区域，开展小流域治理。同时，开展生态环境恢复试点、示范区工作，建立生态乡镇、生态村。

（四）发展生态农业

发展生态农业，是促进生态平衡最直接最可靠的农业生产模式[95]。首先，调整自然保护区周边社区农业内部结构。改变农业内部结构与土地资源结构不相适应的情况；其次，推广社区庭院经济模式，采取养殖和种植业技术组装、农业资源共享（如采用种、养、加工循环模式），在生产中做到多层次物质循环和综合利用。另外，发展庭院经济所需的劳动强度低，特别适合女性和中老年人；再次，推广生物防治技术，即利用生态系统中各种生物之间的相互依存、相互制约来防治危害农业的生物措施。如选育具有抗病性强的作物品种防治病虫害、推广微生物杀虫剂等来减少化学农药施用；最后，进行社区能源建设。主要途径是提高太阳能和生物能利用率，建立节能立体生态农业模式。如在“养殖—沼气—种植”三位一体生态模式基础上宜地发展“猪＋沼＋果＋灯＋鱼＋捕食蛹＋水果套带＋黄板”、“猪＋沼＋菜＋灯＋鱼”等多种生态农业模式。

（五）完善自然保护区生态监测和森林防火建设

自然保护区生态监测建设重点包括监测站点信息采集、设备购置、地面监测网络体系建设、遥感解译等。建议在GPS广泛运用到监测工作的基础上，适当时候建立GIS地理信息系统，条件允许的情况下还要在动植物资源丰富的区域和巡护样线上安装红外线照相机和摄像机，要将高科技引入到监测工作中。特别要注意做好疫源疫病和森林病虫害监测防治和上报工作。目前虽然已经编制完成部分自然保护区野生动物疫源疫病监测站建设项目可行性研究报告，但是还要加紧落实，定时定位地进行观察和记录，并结合气象、林木生长情况对病虫害的发生期、发生量和变化趋势加以研究分析，尤其是对主要害虫生活史、习性、生物学特性及发生发展规律进行系统研究，以便及时预报和有效防治。2008年初的冰雪灾害，不仅增加了疫情监控的复杂性，也对各自然保护区提高监控能力提出了更高的要求。森林防火建设重点包括林火信息指挥系统、林火监测预警系统、防火护林哨卡、防火隔离带、林火气象监测系

统等建设，要根据气象情况、植被组成和居民点分布划定防火期，绘制森林火险图，制定防火预案。同时，充分利用防火设施特别是防火瞭望台的作用，并与周边现有瞭望台组成完整的瞭望网络，与各乡镇共同组建一支以青年民兵为主的兼职扑火队伍，做到早发现、早扑救。

（六）自然保护小区建设

对于在自然保护区的主要保护区域以外有着较好的天然状态（原生或次生），并具备较高科研价值的小面积保护区域，可以划定自然保护小区，以此就地保护区域内生物多样性或自然过程。例如，弄岗自然保护区的国家重点保护野生植物望天树在龙州县只有武德乡陇马一个分布点，经过多年的宣传当地群众虽然对望天树本身保护价值认识得比较充分，但他们对群落中其他物种对望天树的影响认识明显不足，造成了处在望天树群落中的桄榔、董棕、火焰花等物种均受到不同程度地破坏，对望天树的生长造成了不利影响。因此，建议在这个分布点内建立一个自然保护小区，以利于对望天树珍贵物种的进一步保护。

（七）严防外来物种的入侵

在造林更新和人工繁育野生动物时不得引进外来物种，严防外来物种对自然保护区生态系统的入侵和破坏。管理部门要严格执行引种检疫审批监管制度，严密堵塞外部入侵渠道；认真做好森林植物检疫工作，防止内部传播蔓延；定期（一般是每年秋季）组织对外来有害生物的普查，及时发现和掌握疫情，并迅速采取控制措施，防止危害扩散。

五、结论

对广西林业系统自然保护区现行管理模式的研究表明，目前几乎仍为绝对保护型管理模式，与周边社区协调发展能力差。由目前封闭式管理向开放式管理转变，积极争取广大公众的参与，是自然保护区管理模式的发展趋势。广西林业系统自然保护区管理中生态、社会、经济利益的发挥，三者之间具有高度的相关性，共同构成了管理系统必不可少的要素。而对管理中利益相关者的分析表明，各利益群体有着不同的价值取向，因此，在管理中必须兼顾各方的生态、经济、社会目标，才能实现管理效益的最大化。

参考文献

［1］陈晓飞，沈怡赟．我国自然保护区建设与周边社区的和谐发展［J］．淮海工学院学报（社会科学版），2010，8（7）：124－126

［2］崔国发，王献溥．世界自然保护区发展现状和面临的任务［J］．北京林业大学学报，2000，22（4）：123－125

［3］安丽丹．中国大熊猫保护区有效管理评估与优先性分析［D］．东北林业大学硕士学位论文，2003

［4］李晓波．中国森林、湿地和野生动物自然保护区社会林业工程评价指标体系及其可持续发展模式的研究［D］．中国林业科学研究院博士学位论文，2000

［5］诸葛仁，TerryDeLacy．澳大利亚自然保护区系统与管理［J］．世界环境，2001，2：37－39

［6］王晓丽．中国和加拿大自然保护区管理制度比较研究［J］．世界环境，2004，1：31－36

［7］国家林业局赴美国自然保护区考察团．美国自然保护区考察报告［J］．林业工作研究，2006，3：34－44

［8］朱广庆．国外自然保护区的立法与管理体制［J］．环境保护，2002，4：10－13

［9］赖庆奎，李建钦，孟祥勇．云南省文山国家级自然保护区社区共管案例调查分析［J］．林业与社会，2004，12（3）：18－23

［10］和世钧，杨宇明，田昆．云南文山自然保护区开展社区共管的研究［J］．西南林学院学报，2003，23（4）：46－50

［11］朱桂兰．莱阳河自然保护区实施社区共管的调查研究［J］．

林业建设，2003，2：33 –37

［12］苏杨．中国西部自然保护区与周边社区协调发展的研究［J］．农村生态环境，2004，20（1）：6 –10

［13］邵文．参与式保护区资源管理的收益群体［J］．林业与社会，2000，4：10 –11

［14］黄文娟，杨道德，张国珍．我国自然保护区社区共管研究进展［J］．湖南林业科技，2004，31（1）：46 –48

［15］谭伟福．广西自然保护区网络体系现状分析［J］．贵州科学，2005，23（1）：33 –40

［16］黎德丘等．广西林业系统自然保护区建设的探讨［J］．广西农业生物科学，2008，27：12 –15

［17］李潇晓．广西自然保护区的现状及管理对策［J］．广西科学院学报，2008，24（2）：141 –143

［18］原宝东，宋宜娟．广西自然保护区资源分布现状［J］．国土与自然资源研究，2009，2：63 –64

［19］赵耀，吴忠军，梁继超．自然保护区生态旅游潜在客源市场调查研究——以广西花坪国家级自然保护区为例［J］．武汉职业技术学院学报，2008，7（1）：101 –103

［20］陆道调等．广西弄岗自然保护区协调生态旅游和社区发展初探［J］．广西大学学报（哲学社会科学版），2009，31：154 –155

［21］杨主泉，孙亚东．广西猫儿山自然保护区民营化生态旅游发展研究［J］．黑龙江民族丛刊，2010（4）：51 –56

［22］廉同辉，王金叶，程道品．自然保护区生态旅游开发潜力评价指标体系及评价模型——以广西猫儿山国家级自然保护区为例［J］．地理科学进展，2010，29（12）：1613 –1619

［23］廖钟迪，滕腾．自然保护区低碳旅游开发中的产品设计研究——以广西龙虎山景区为例［J］．安徽农业科学，2011，39（17）：10598 –10599

［24］蒋才云，曾小飚．广西元宝山自然保护区两栖动物资源调查及保护［J］．湖北农业科学，2011，50（1）：124 –127

[25] 熊源新等．广西那佐自然保护区苔藓植物的组成与区系［J］．贵州农业科学，2011，9（6）：34－38

[26] 王绍能等．广西猫儿山自然保护区珍稀鸟类资源及保护对策［J］．贵州科学，2011，29（2）：36－39

[27] 罗慧，霍有光，胡彦华等．可持续发展理论综述［J］．西北农林科技大学学报（社会科学版），2004，4（1）：35－38

[28] 张秋劲．若尔盖国家级生态功能保护区可持续发展研究［D］．四川大学硕士学位论文，2004

[29] 石德金，余建辉，刘德荣等．自然保护区可持续发展战略探讨［J］．林业经济问题，2001，21（3）：150－153

[30] 何强等．环境学导论［M］．北京：清华大学出版社，1994

[31] ［日］饭岛伸子．环境社会学［M］．北京：社会科学文献出版社，1999

[32] 潘敏，卫俊．环境社会学主要理论综论——兼谈中国环境社会学的发展［J］．学习与实践，2007，9：134－140

[33] 黄文娟．国家级自然保护区实施社区共管的初步研究——以湖南壶瓶山国家级自然保护区为例［D］．中南林学院硕士学位论文，2004

[34] 赵庆海，侯宪来．区域经济学理论综述［J］．理论学习，2005，10：35－42

[35] 白永秀，任保平．关于区域经济学几个基本理论问题的思考［J］．山西财经大学学报，2004，26（5）：9－14

[36] 钟世洪，谢辉．循环经济与生态经济的比较研究［J］．经济理论研究，2007，1：117－118

[37] 李周．环境与生态经济学研究的进展［J］．浙江社会科学，2002，1：27－44

[38] Hardin，GarrettJ. Tragedy of The Commons［J］. Science，1968，162：1243－1248；reprinted in H. E. Daly，Valuing the Earth：Economics，Ecology，Ethics，MITPress，Cambridge，Mass，1992

[39] 周世强．从生态经济观点论自然保护区的功能价值、系统结

构和管理原则［J］. 生态经济，1988，增刊：71

［40］水延凯等. 社会调查教程［M］. 北京：中国人民大学出版社，2004

［41］广西区林业局. 广西林业系统自然保护区基本情况

［42］广西人大. 关于我区自然保护区建设管理及周边社区群众生产生活情况的专题调研报告

［43］李甫春，蒋斌，赵明龙等. 广西林业系统自然保护区周边社区社会经济调查报告（征求意见稿），2006

［44］谭伟福. 广西生物多样性评价及保护研究［J］. 贵州科学，2005，23（2）：50－54

［45］翟秀海. 生物多样性保护与社区发展目标下的自然保护区管理模式研究——以达赉湖国家级自然保护区为例［D］. 中国农业大学硕士学位论文，2004

［46］国家林业局野生动植物保护司. 中国自然保护区政策［M］. 北京：中国林业出版社，2004，121

［47］国家林业局野生动植物保护司. 中国自然保护区管理手册（2）［M］. 北京：中国林业出版社，2004

［48］吕郁彪. 广西公益林生态效益价值评价［J］. 南京林业大学学报（自然科学版），2005（4）

［49］雷鸣球. 把解决民生问题的重点放在农村［J］. 中国人民大学，2009（9）：37

［50］薛瑞汉. 民生问题：构建和谐社会的根本问题［J］. 四川行政学院学报，2007（4）：62－64

［51］冯茹，宋刚. 自然保护区周边社区居民生计状况的生态适宜度评价［J］. 西北林学院学报，2010，25（3）：204－209

［52］薛辉. 雨水集蓄利用技术应用与实践［J］. 山西水利，2006：33－35

［53］全区集体林权制度改革今年全面推开［J］. 农村财务会计，2008（8）：13

［54］王年红：新增4家国家3A级景区［N］. 南宁日报，2009－01－01

[55] Freeman R. E. Strategic management : A stakeholder approach [M] . Boston: P itman Press, 1984

[56] Power/Dynamism [OL] . http://www.12manage.com/methods_stakeholder_mapping_zh.html. 2010/2011 -05 -01

[57] 邱继勤：旅游小企业发展特征研究——以桂林阳朔西街为案例 [J]．经济论坛，2006（6）：88 -90

[58] 苗雨君：基于竞争战略的企业薪酬战略管理研究 [J]．财会通讯，2010，(6)：77 -78

[59] 范英，姜佰峰：基于创新的中小企业管理探讨 [J]．现代商贸工业，2010，17：78 -79

[60] 吴伟光，楼涛，郑旭理等．自然保护区相关利益者分析及其冲突管理——以天目山自然保护区为例 [J]．林业经济问题，2005，25（5）：270 -286

[61] 汪家社．探索协调保护与发展关系新模式 [J]．发展研究，2007，5：46 -47

[62] 周世强．中国自然保护区经营管理模式的研究 [J]．四川师范学院学报（自然科学版），1996，17（4）：7 -9

[63] 韩念勇．生物圈保护区发展中的又一个里程碑——第二次国际生物圈保护区大会综述 [J]．人与生物圈，1995，2：3 -6

[64] 姜春前，吴伟光，沈月琴等．天目山自然保护区与周边社区的冲突和成因分析 [J]．东北林业大学学报，2005，33（4）：85 -87

[65] 王钰．自然保护区建设的社区参与共管实践 [J]．江西林业科技，2007，4：56 -58

[66] 蒲媛．自然保护区管理制度研究 [D]．南京农业大学硕士学位论文，2005

[67] McNeely J, Miller K. National parks, conservation and development, the role of protected areas in sustaining society [M] . Washington DC: Smithsonian Institution Press, 1984

[68] Western D , Wright RM. Natural Connection: Perception in Community -based Conservation [M] . Washington DC: Island Press, 1994

[69] IIED. Whose Eden ? An overview of community approach to wildlife management [A] . In：A Report to the Overseas Development Administrtion of the British Government [C] . London：IIED，1994

[70] Ite UE. Community perceptions of the Cross River National Park，Nigeria [J] . Environ. Conserv.，1996，23 (4)：351 -357

[71] Wells MP. The social role of protected areas in the New South Africa [J] . Environ. Conserv.，1996，23 (4)：322 -331

[72] 徐建英，陈利顶，吕一河等．保护区与社区关系协调：方法与实践 [J] ．生态学杂志，2005，24 (1)：102 -107

[73] 覃勇荣．自然保护区管理与社区经济可持续发展——以广西木论自然保护区为例 [J] ．河池学院学报，2004，24 (4)：69 -75

[74] 赵献英．自然保护区的建立与持续发展的关系 [J] ．中国人口资源与环境，1994，4 (1)：16 -20

[75] 张昱．自然资源管理中的经济学分析——非洲野生物种资源管理模式的启示 [J] ．生态经济，2001，8：50 -52

[76] 牛江．自然保护区生态旅游管理的利益相关者分析 [D] ．北京林业大学硕士学位论文，2007

[77] 张玉钧，邹国辉．北京松山自然保护区的经营目标与生态旅游对策 [J] ．生态经济，2006，8：86 -89

[78] 张玉钧．生态旅游管理框架分析 [J] ．中国旅游报，2004，11 (8)：14

[79] 何丕坤．冲突管理与不同资源利用群体的分析 [J] ．林业与社会，2001，6：2 -6

[80] 贾生华，陈宏辉．相关利益者界定方法述评 [J] ．国外经济与管理，2002，24 (5)：13 -18

[81] 顾蕾，沈月琴，李兰英．天然林保护的利益相关者分析——基于对天然林保护地区的典型案例分析 [J] ．林业经济问题，2006，26 (5)：425 -428

[82] 甄学宁．社区林业的基点——需求、冲突和冲突的协调 [J] ．林业经济，2007，5：67 -71

［83］唐飞，陶伟．建立旅游可持续发展的复合系统［J］．东北财经大学学报，2001，2：28－30

［84］谭红杨，朱永杰．自然保护区生态旅游利益相关者结构分析［J］．北京林业大学学报（社会科学版），2007，6（3）：45－49

［85］成竹．论社区参与生态旅游的研究进展［J］．生态经济，2004，10：39－42

［86］卞显红等．基于社区的生态旅游管理研究［J］．生态经济，2005，10：298－302

［87］车家骧，苏维词，刘瑞．贵州山区乡村生态旅游发展模式与策略［J］．乡镇经济，2007，11：39－41

［88］王献溥，于顺利，陈宏伟．广东南岭保护区的基本特点和有效管理的展望［J］．广东林业科技，2007，23（2）：90－93

［89］韦惠兰，段小霞，黄华梨．自然保护模式转型的经济学分析［J］．生态经济，2005，2：94－97

［90］罗昌爱．广西：八角盼望深加工［N］．人民日报，2005.9.25，第005版

［91］Roper TJ，Findlay SR，Lups P，etal. Damage by badgers Meles Meles meles to wheat Triticum vulgare and barlery Hordeum sativum crops［J］．Journal of Applied Ecology，1995，32（4）：720－726

［92］Mace RD，Waller JS. Grizzly Bear Distribution and Human Conflicts in Jewel Basin Hiking Area，Swan Mountains，Montana［J］．Wildlife Society Bulletin，1996，24（3）：461－467

［93］邹异．广西自然保护区建设现状及管理对策［J］．广西科学院学报，2001，17（1）：43－47

［94］谭伟福．广西十万大山自然保护区周边社区建设［J］．贵州科学，2004，22（3）：92－96

［95］李春生，周国富．草海自然保护区建设生态农业的初步设想［J］．贵州师范大学学报（自然科学版），2000，18（1）：8－12